建筑垃圾治理系列丛书

建筑垃圾资源化产业发展与标准体系

周文娟　陈家珑　主编

U0281567

中国建筑工业出版社

图书在版编目（CIP）数据

建筑垃圾资源化产业发展与标准体系 / 周文娟，陈家珑主编. — 北京：中国建筑工业出版社，2021.12

（建筑垃圾治理系列丛书）

ISBN 978-7-112-26909-9

Ⅰ. ①建… Ⅱ. ①周… ②陈… Ⅲ. ①建筑垃圾－废物综合利用 Ⅳ. ①X799.1

中国版本图书馆 CIP 数据核字（2021）第 248779 号

责任编辑：何玮珂　孙玉珍　李　雪

责任设计：李志立

责任校对：焦　乐

建筑垃圾治理系列丛书
建筑垃圾资源化产业发展与标准体系
周文娟　陈家珑　主编

*

中国建筑工业出版社出版、发行（北京海淀三里河路 9 号）

各地新华书店、建筑书店经销

北京红光制版公司制版

北京圣夫亚美印刷有限公司印刷

*

开本：787 毫米×1092 毫米　1/16　印张：11　字数：268 千字

2021 年 12 月第一版　　2021 年 12 月第一次印刷

定价：**40.00** 元

ISBN 978-7-112-26909-9

（38108）

建筑垃圾治理系列丛书编委会

丛书指导委员会： 缪昌文　刘加平　肖绪文　陈云敏　张大玉

丛书编委会：（按姓氏拼音排序）

陈家珑　寇世聪　李　飞　李秋义　马合生　孙可伟

吴英彪　肖建庄　詹良通　张亚梅　赵霄龙　周文娟

本书编委会

主　编： 周文娟　陈家珑

副主编： 周理安　徐玉波　李　飞　李文龙

建筑垃圾治理系列丛书
出 版 说 明

随着我国城市化进程的加快和大规模旧城改造工程的实施，建筑垃圾已经成为排放量最大的城市固体废弃物。建筑垃圾的无序堆放和填埋已经形成垃圾围城的困境，占用土地、污染环境，甚至造成安全事故，严重影响生态文明建设和城市可持续发展。

2018年3月，为深入贯彻落实党的十九大精神和习近平新时代中国特色社会主义思想，加强建筑垃圾全过程管理，提升城市发展质量，住房和城乡建设部提出加强规划引导、开展存量治理、加快设施建设、推动资源化利用、建立长效机制和完善相关制度等六项重点任务，在北京等35个城市（区）开展建筑垃圾治理试点工作。

为了配合推进试点工作，依托中国城市环境卫生协会建筑垃圾管理与资源化工作委员会，集合国内管理和技术专家，从政策法规、规范标准、规划设计、减量技术、存量治理、设施建设、工艺装备，以及资源化利用技术与应用等方面系统总结国内外建筑垃圾行业的经验，编著《建筑垃圾治理系列丛书》，旨在为管理、研究和工程技术人员提供借鉴，也可作为高等院校的参考教材。

前　言

　　建筑垃圾是城市建设发展的伴生物，是城镇发展到一定阶段后会凸显和需要解决的问题。2010 年以来，建筑垃圾产生量持续快速增加，预计在未来较长时期内都将是高位状态。2018 至 2019 年，住房和城乡建设部在全国 35 个城市（区）开展了建筑垃圾治理试点工作，这些试点城市 2018 年建筑垃圾的产生量为 13.15 亿吨、2019 年产生量为 13.69 亿吨，以此推算全国建筑垃圾年产生量超过 20 亿吨。

　　建筑垃圾如果随意处置，不仅会污染水体、土壤和大气，破坏自然生态环境，而且会影响民众生活，增加城市建设和管理成本，甚至威胁到民众的生命财产安全。建筑垃圾具有潜在的资源属性，经过再生处理，替代天然原料，可成为城市矿产。建筑垃圾资源化是提高城市治理水平，建设"美丽中国"的有力保障，受到了几届国家领导人的批示。自《关于建筑垃圾资源化再利用部门职责分工的通知》（中央编办发〔2010〕106 号）发布实施以来，历经十年，各部委按照分工，协力推进，建筑垃圾资源化逐步获得各级政府重视，成为社会关注的热点。

　　从法规政策层面看，中央政府各主管部门及地方政府先后出台行业利好政策。2020 年 9 月 1 日实施的《中华人民共和国固体废物污染环境防治法》针对建筑垃圾新增 5 条 8 款，从法律条文上规定政府、企业、个人的责任，明确行业发展的方向及解决难点的措施，建筑垃圾治理与资源化已上升到了法律高度。2021 年 3 月，国家发改委等 10 部门联合发布《关于"十四五"大宗固体废弃物综合利用的指导意见》（发改环资〔2021〕381 号）提出，到 2025 年包括建筑垃圾在内的等大宗固废综合利用能力显著提升，利用规模不断扩大，新增大宗固废综合利用率达到 60%，综合利用产业体系不断完善；政策法规、标准和统计体系逐步健全；集约高效的产业基地和骨干企业示范引领作用显著增强，大宗固废综合利用产业高质量发展新格局基本形成。

　　建筑垃圾资源化从 2010 年开始起步，经过十年的发展初具一定规模。从行业现状看，据不完全统计全国范围内年处理能力 100 万吨的建筑垃圾资源化固定项目约 200 个，小规模企业、临时项目几千个，资源化能力每年约 3.7 亿吨，企业性质以民营为主，从业人数超过 5 万人。2019 年全国建筑垃圾资源化实际处理量约为 1.9 亿吨，资源化已经成为建筑垃圾处理的首选，重点地区处理能力稳步提升。虽然建筑垃圾资源化设施能力显著提高，资源化效果仍差强人意，连续稳定运营的项目不多，设施产能发挥不足，特别是规模化设施的产能发挥不足 50%，建筑垃圾资源化行业发展仍然面临诸多困难。标准化是支撑和引领经济社会发展的重要技术基础。就建筑垃圾资源化而言，标准化是促进建筑垃圾资源化产业发展的重要基础与推动力。标准体系的完善，对加快创新速度、引领创新方向有着重要作用。经过十余年的发展，在建筑垃圾再生处理工艺技术、项目建设、再生产品及其应用技术等方面已有多项专用标准，初步形成产业发展的标准化支撑，但仍然存在体系化不够、基础标准缺乏、管理标准空白、技术标准不足等诸多问题。

基于以上问题，本书编写组开展了建筑垃圾资源化产业发展及标准化状况进行深入调研，全面分析建筑垃圾资源化产业及标准化现状，明确产业发展趋势及标准化需求，构建产业标准体系。本书共分6章。第1章从建筑垃圾定义、组成、危害及资源化内涵等方面对建筑垃圾资源化进行概述；第2章、第3章介绍了建筑垃圾资源化产业发展现状、市场及产业规模预测、技术发展趋势，从法规政策、技术两方面综合分析建筑垃圾资源化产业发展支撑体系；第4章～第6章分析了国内外标准化现状，标准体系构建理论与方法，并在以上研究基础上构建了建筑垃圾资源化标准体系，提出了标准体系结构图和明细表。

本书资料和数据丰富翔实，既有系统分析，也有典型案例。在建筑垃圾资源化持续成为投资热点的当下，本书无疑是产业投资及从业者非常有价值的参考书。同时本书还可供建筑垃圾资源化科研、标准化工作及教学培训人员阅读、参考，可为建筑垃圾和环境管理工作提供标准化思路，也为相关部门制定建筑垃圾治理与城市发展政策提供依据。

中国城市环境卫生协会建筑垃圾管理与资源化工作委员会对本书的编写工作给予了高度的关注。本书得到建筑垃圾资源化领域专家学者及北京、深圳、许昌、上海、长沙、常州等建筑垃圾治理试点城市管理部门的大力支持。借此机会，我们向给予过我们直接或间接帮助的单位和个人表示衷心的感谢！

建筑垃圾资源化涉及内容广泛，同时标准化系统理论庞杂，书中难免有值得探讨或不足之处，敬请各位读者批评指正。

编者
2021 年 9 月 20 日

目　　录

第1章 建筑垃圾资源化概述

1.1 建筑垃圾的定义及其特点

1.1.1 建筑垃圾的定义

国内外对建筑垃圾（又称建筑废弃物）的定义目前并没有形成一致、准确的共识，不同国家、学者各有不同的论述。在国内，对建筑垃圾的定义有一个逐步发展的过程。《城市垃圾产生源分类及垃圾排放》CJ/T 3033-1996中规定，建筑垃圾属于建筑装修场所产生的城市垃圾。2003年6月，建设部在《城市建筑垃圾和工程渣土管理规定修订稿》中对建筑垃圾作出更为详细的解释，并与工程渣土归为一类，建筑垃圾、工程渣土合称建筑废弃物，即指建设、施工单位或个人对各类建筑物、构筑物等进行建设、拆迁、修缮及居民装饰房屋过程中所产生的余泥、余渣、泥浆及其他废弃物。2005年3月，建设部在《城市建筑垃圾管理规定》（建设部令第139号）中第2条第2款对建筑垃圾作了进一步的界定，即：建筑垃圾是指建筑单位、施工单位新建、改建、扩建和拆除各类建筑物、构筑物、管网等以及居民装饰装修房屋过程中所产生的弃土、弃料及其他废弃物。现行标准、法规对建筑垃圾的定义见表1.1.1。

现行标准、法规中建筑垃圾的定义　　　　　　　　表1.1.1

序号	标准名称	标准编号	定义内容
1	《建筑工程绿色施工评价标准》	GB/T 50640-2010	建筑垃圾：新建、改建、扩建、拆除、加固各类建筑物、构筑物、管网等以及居民装饰装修房屋过程中产生的废物料
			建筑废弃物：建筑垃圾分类后，丧失施工现场再利用价值的部分
2	《工程施工废弃物再生利用技术规范》	GB/T 50743-2012	工程施工废弃物：工程施工中，因开挖、旧建筑物拆除、建筑施工和建材生产而产生的直接利用价值不高的废混凝土、废竹木、废模板、废砂浆、砖瓦碎块、渣土、碎石块、沥青块、废塑料、废金属、废防水材料、废保温材料和各类玻璃碎块等
3	《建筑工程绿色施工规范》	GB/T 50905-2014	建筑垃圾：新建、扩建、改建和拆除各类建筑物、构筑物、管网等以及装饰装修房屋过程中产生的废物料
			建筑废弃物：建筑垃圾分类后，丧失施工现场再利用价值的部分
4	《建筑垃圾处理技术标准》	CJJ/T 134-2019	建筑垃圾：工程渣土、工程泥浆、工程垃圾、拆除垃圾和装修垃圾等的总称。包括新建、扩建、改建和拆除各类建筑物、构筑物、管网等以及居民装饰装修房屋过程中所产生的弃土、弃料及其他废弃物，不包括经检验、鉴定为危险废物的建筑垃圾

序号	标准名称	标准编号	定义内容
5	《固体废物处理处置工程技术导则》	HJ 2035-2013	未明确定义建筑垃圾
6	《中华人民共和国固体废物污染环境防治法》	2020.9.1实施	建筑垃圾：指建设单位、施工单位新建、改建、扩建和拆除各类建筑物、构筑物、管网等，以及居民装饰装修房屋过程中产生的弃土、弃料和其他固体废物

其中，《建筑垃圾处理技术标准》CJJ/T 134-2019 中的定义是在《城市建筑垃圾管理规定》（建设部令第139号）定义基础上对边界的进一步界定，明确建筑垃圾是工程渣土、工程泥浆、工程垃圾、拆除垃圾和装修垃圾等的总称，并将危险废物排除在建筑垃圾之外，此定义的边界较为明确清晰，已在行业内获得普遍认可。经过第二次修订并于2020年9月1日实施的《中华人民共和国固体废物污染环境防治法》对建筑垃圾的定义与《城市建筑垃圾管理规定》《建筑垃圾处理技术标准》CJJ/T 134-2019 的定义基本一致。

1.1.2　建筑垃圾的特点

建筑垃圾是城市建设和发展改造过程中产生的伴生物，是人类持续发展和对物质生活无止境的追求与有限的工程寿命及地理资源环境限制之间的必然产物，是城市发展到一定阶段和规模后必将凸显和必须解决的问题。由于过去对建筑垃圾治理问题认识不足、重视不够，各地普遍存在建筑垃圾底数不清、缺少专项规划、处理设施建设滞后等问题。建筑垃圾与其他固体废物相比，既有共性也有自己的个性，主要特点如下：

（1）相对性。任何建筑物、构筑物等工程都有一定的使用年限，随着时间的推移，最终都会变成建筑垃圾。另外，所谓"垃圾"仅仅相对于当时的科技水平和经济条件而言，随着时间的推移和科学技术的进步，除少量有毒有害成分外，主要的建筑垃圾都可能转化为有用资源。

（2）数量大。我国目前尚无建筑垃圾产生量的可靠统计渠道，因此建筑垃圾产生量并无准确数据。按住房和城乡建设部建筑垃圾治理试点城市上报数据统计，35个试点城市（区）2018年建筑垃圾的产生量为13.15亿吨、2019年产生量为13.69亿吨，以此推算全国建筑垃圾产生量在20亿吨以上，其中工程渣土（泥浆）的产生量占建筑垃圾总产生量的60%~70%。根据国家统计局公布的数据，2018年全国生活垃圾清运量为2.3亿吨，与之相比建筑垃圾已成为最大宗的城市固体废物。

（3）增长快。2005年建设部城建司有关负责人对《城市建筑垃圾管理规定》进行解读时指出"随着城市建设的加快，建设量的增大，城市建筑垃圾的数量也急剧增加，目前年生产量已经达到了7亿吨，是城市生活垃圾的5倍"。仅仅过了十多年，建筑垃圾的产生量估算已是20亿吨，是生活垃圾的约10倍。当前我国仍处于城镇化、工业化快速发展阶段，大规模拆除、建造等活动将使建筑垃圾产生量在一段时间内持续高位。

（4）分布广。随着建筑垃圾的快速增长，不仅在发达地区存在严重的"建筑垃圾围城"现象,即使在不发达地区,甚至欠发达地区,建筑垃圾处理能力严重不足、管理水平不高、资源化利用水平低,严重影响城乡人居环境和城市安全运行、城市高质量发展。

(5)成分杂。建材种类繁多,不同结构类型的建筑物拆除、施工产生的建筑垃圾成分差别较大;不同区域地质条件差异大,开挖渣土成分差别较大;随着经济水平的提高,装饰装修需求大,装饰材料种类繁多,产生的垃圾成分更加多样,因此建筑垃圾成分复杂且可变性大。

1.2 建筑垃圾的类别与组成

1.2.1 建筑垃圾的类别

（1）建筑垃圾来源分类

按产生来源对建筑垃圾进行分类,如表 1.2.1 所示。

建筑垃圾来源分类表　　　　　　　　表 1.2.1

类别	定义	特征物质
工程渣土	指各类建筑物、构筑物、管网等基础开挖过程中产生的弃土	表层土和深层土
工程泥浆	指钻孔桩基施工、地下连续墙施工、泥水盾构施工、水平定向钻及泥水顶管等施工产生的泥浆	泥浆
工程垃圾	指各类建筑物、构筑物等建设过程中产生的弃料	主要为建材弃料,废砂石、废砂浆、废混凝土、破碎砌块、碎木、废金属、废弃建材包装等
拆除垃圾	指各类建筑物、构筑物等拆除过程中产生的弃料	混凝土、旧砖瓦及水泥制品、破碎砌块、瓷砖、石材、废钢筋、各种废旧装饰材料、建筑构件、废弃管线、塑料、碎木、废电线、灰土等
装修垃圾	指各类建筑物、构筑物装修过程中产生的弃料	拆除的旧装饰材料、旧建筑拆除物及弃土、建材弃料、装饰弃料、废弃包装等

（2）物理成分分类

建筑垃圾的成分包括废混凝土、废沥青、废砂浆、废砖、废砂石、木材、塑料、纸、石膏、废钢筋等。在以上建筑垃圾成分中,废沥青有着成熟的回收利用体系,废金属、塑料、木材等也有主动地回收及成熟的利用技术,而剩下大量的土、碎砖瓦块、废砂浆、废混凝土块等废弃物是目前管理与资源化的重点。

1.2.2 建筑垃圾的组成

建筑垃圾五类来源中,工程渣土与工程泥浆源头组成比较单一,其他三种垃圾组成复杂。建筑垃圾的组成与工程活动性质、建筑结构形式等有密切关系。不同时代的建筑物,在材料组成上具有很大差异,例如:20 世纪 50 年代以前的建筑物,主要是由天然材料或仅经过初步加工的天然材料组成；20世纪60年代至80年代，由于经济水平所限，居民区和办公区多为多层建筑，这个时期主要的建筑结构材料以黏土砖为主，还有混凝土预制板作为主要构件，门窗多为木质窗户和金属窗户共存，砌筑抹面以水泥砂浆、水泥石灰砂浆为主；20世纪90年代末，随着人们对建筑要求的提升，市场需求量的增大，对多样的建筑形式的渴望，建筑材料以及形式产生了很大的变化，大量的新型建筑材料出现并应用。因此不同时代建筑物的建设和拆除，产生的建筑垃圾组成会有所不同。

（1）工程垃圾的组成

工程垃圾产生量与施工管理人员的管理水平、房屋的结构形式及特点、施工技术等多方面因素有关，并牵涉到业主、设计、承包商等各方。不同结构建筑施工产生的建筑垃圾的组成以及建筑垃圾占材料购买量的比例如表1.2.2所示。

不同建筑结构类型产生的建筑施工垃圾的数量和组成（%）　　　表1.2.2

垃圾组成	建筑垃圾组成比例			施工垃圾主要组成部分占其材料购买量的比例
	砖混结构	框架结构	框架剪力墙结构	
碎砖（碎砌砖）	30～50	15～30	10～20	3～12
砂浆	8～15	10～20	10～20	5～10
混凝土	8～15	15～30	15～35	1～4
桩头	—	8～15	8～20	5～15
包装材料	5～15	5～20	10～20	—
屋面材料	2～5	2～5	2～5	3～8
钢材	1～5	2～8	2～8	2～8
木材	1～5	1～5	1～5	5～10
其他	10～20	10～20	10～20	—
合计	100	100	100	—

由上表可知建筑施工垃圾的主要成分是碎砖、混凝土、砂浆、桩头、包装材料等，约占建筑施工垃圾总量的80%。对不同结构形式的建筑，施工垃圾组成比例略有不同。

（2）拆除垃圾的组成

拆除各种建筑物而产生的建筑垃圾其成分基本相似，主要是各种碎砖块（混有砂浆）、混凝土块、废旧木料（主要是门窗）、房瓦、废金属等如钢筋、铝合金等及少量装饰装修材料如：陶瓷片、玻璃片。从近年拆毁建筑物的组成上看，混凝土与砂浆约占30%～40%，砖瓦约占35%～45%，陶瓷和玻璃约占5%～8%，其他10%。

（3）装饰垃圾的组成

装饰装修垃圾具有其特殊性，突出表现在成分的复杂性。随着人民生活水平的提高，装修档次逐年提高，材料品种多样，组分相应复杂，其中含有一定量的有毒有害成分，如胶粘剂、灯管、废油漆和涂料及其包装物、壁纸、人造板材以及一些人工合成化学品等，建筑装饰装修垃圾大致可以分为：可回收物，包括天然木材、纸类包装物、少量砖石、混凝土、碎块、钢材、玻璃、塑料等；不可回收物，包括胶粘剂、胶合木材、废油漆和涂料及其包装物等。

1.3 建筑垃圾的危害与影响

建筑垃圾不经处理，运往郊外露天堆放或填埋，不仅造成高额的垃圾清运成本，占用大量土地，而且清运和堆放中产生的遗漏、粉尘、灰沙等又造成环境污染。其危害具体体现在以下方面：

(1) 占用大量土地。每堆积 1 万吨建筑垃圾在堆高 5m 的情况下需占用 0.167 公顷的土地，建筑垃圾如得不到有效处理，每年将占用土地 33.4 万公顷的土地，进一步加剧人多地少的矛盾。

(2) 污染水体。建筑垃圾在堆放场经雨水渗透浸淋后，建筑垃圾会溶出含有水化硅酸钙、氢氧化钙、硫酸根离子的渗沥水，如不加控制让其流入江河或渗入地下，会导致地表水和地下水的污染。

(3) 污染大气。建筑垃圾废石膏中含有大量硫酸根离子，硫酸根离子在厌氧条件下会转化为硫化氢，废纸板和废木料在厌氧条件下可溶出木质素和单宁酸并分解成挥发性有机酸，这些有害气体会污染大气。

(4) 污染土壤。建筑垃圾及其渗沥水所含的有害物质对土壤会产生污染，对土壤的污染包括改变土壤的物理结构和化学性质，影响土壤中微生物的活动，有害物质在土壤中发生积累等。研究表明，堆放的建筑垃圾要经过数十年才可趋于稳定，而即使建筑垃圾达到稳定化程度，不再释放有害气体，渗沥水不再污染环境，但是大量的无机物仍会占用大量土地，并继续导致持久的环境问题。

(5) 安全隐患。建筑垃圾堆放地选址、堆体稳定性评估不足，在外界因素的影响下，存在崩塌、滑坡等安全风险。

1.4 建筑垃圾综合利用与资源化

综合利用是指除了填埋场填埋和焚烧以外的所有利用方式，包括工程回填、路基填筑、堆山造景、环境修复、除农业外的其他用土、烧结制品以及资源化利用等。综合利用的对象是全部建筑垃圾，重点是工程渣土和干化的工程泥浆。

1.4.1 建筑垃圾综合利用途径

《中华人民共和国固体废物污染环境防治法》和《建筑垃圾处理技术标准》CJJ/T 134－2019 按产生来源可分为工程渣土、工程泥浆、工程垃圾、拆除垃圾、装修垃圾，以上五类垃圾的综合利用途径如下：

1. 工程渣土

工程渣土以土为主，可能含有一定量的砂、石。土的类型及砂石含量因所处区域地质条件、工程开挖深度等的不同而有所不同。国家标准《建筑地基基础设计规范》GB 50007－2011 将土分为碎石土、砂土、黏性土、粉土。碎石土为粒径大于 2mm 的颗粒含量超过全重 50% 的土；砂土为粒径大于 2mm 的颗粒含量不超过全重 50%、粒径大于 0.075mm 的颗粒含量超过全重 50% 的土；黏性土为塑性指数大于 10 的土；粉土为介于砂土与黏性土之间，塑性指数≤10且粒径大于0.075mm的颗粒含量不超过全重50％的土。

工程渣土的处理利用主要包括回填、堆山造景、砂石分离、烧结建材等。通过土方平衡，将工程渣土就地就近用于工程回填是渣土综合利用的主要方式；在城市发展需要的条件下可以利用渣土进行堆山造景或土地整形，服务城市园林建设。含水率较大的黏性土、粉土适用于生产烧结砖、烧结空心砌体等墙体材料或种植。含砂率较高的碎石土、砂土可采用水洗分离泥砂，辅以破碎、筛分工艺，获得天然砂石，用作各类建材原料，水洗后排出的泥浆通过机械脱水干化处理，形成的泥饼可用于烧结建材、堆填或种植等。

在标准方面，缺乏工程渣土用于土地整形及堆山造景方面的施工技术与安全规范，优质黏土节能烧结建材制备技术及行业准入是目前工程渣土处理与利用的困难所在。开展有针对性的研究与应用示范，并疏通政策上的准入是解决以上问题的有效措施。

工程渣土综合利用的路线如图1.4.1-1所示。

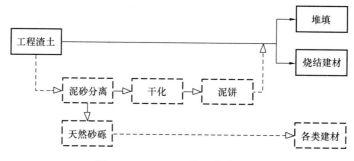

图1.4.1-1　工程渣土综合利用

2. 工程泥浆（图1.4.1-2）

工程泥浆是黏土的微小颗粒在水中分散、并与水混合形成的半胶体悬浮液。工程泥浆的组成成分以无机物为主，主要包括水分、黏性土、粉砂等，也可能含有少量的外加剂。工程泥浆化学成分有 SiO_2、Al_2O_3、Fe_2O_3、CaO、MgO、Na_2O、K_2O 等，含有的COD、TN、TP和重金属非常少。

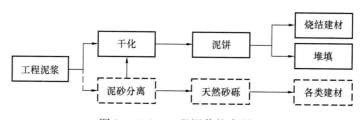

图1.4.1-2　工程泥浆综合利用

工程泥浆需要干化处理大幅度减小工程泥浆的体量。工程泥浆的干化处理首选在施工现场进行。因为工程泥浆含水率高，未经干化直接外运必须采用专用的灌装车辆或船运，才能防止运输中漏浆，运输成本高，潜在的环境风险大，合适的排放距离、排放地点等条件下，也可以采用管道运输方式。只有当工程泥浆量少，或场地太小等不具备干化处理条件时才考虑直接外运。

干化处理首选机械脱水。在场地面积、环境、安全等条件允许的条件，可采用自然沉淀的方式进行减量。若场地面积足够大，且泥浆含水率较低，能够进行摊铺，可采用自然晾晒的方式干化。若场地有限，且现场有足够的较干的工程渣土，可将其与工程泥浆进行混合干化。沿海地区，浅层多为淤泥、淤泥质土，其颗粒粒径小，级配差，有机质含量高，渗透性能差，相对密度轻，相对稠度较大等，宜现场机械脱水干化后收集。干化后的泥浆可做资源化利用，例如：工程用土、建材用土、园林绿化土等，分离出的天然砂砾用作建材原料。

目前，工程泥浆处理需要低成本的快速、无害化处理技术，加强技术研究与工程应用是提高工程泥浆处理水平的有效措施。

3. 工程垃圾、拆除垃圾、装修垃圾

拆除垃圾、工程垃圾、装修垃圾因其主要成分都是以废混凝土、砖石为主的无机非金属材料，也是目前建筑垃圾资源化利用的主要对象，其资源化利用的途径基本相同，如图1.4.1-3所示。

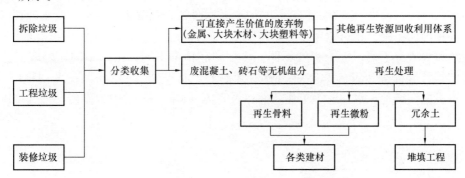

图1.4.1-3 工程垃圾、拆除垃圾、装修垃圾资源化利用

1.4.2 建筑垃圾分类收集

目前资源化的主要对象为工程垃圾、拆除垃圾、装修垃圾，但以上三种垃圾成分复杂。为便于后端的再生处理，提高资源化水平，在工程垃圾、拆除垃圾、装修垃圾的产生源头进行分类收集非常重要，分类收集可参考表1.4.2。在建筑垃圾产生现场至少达到一级分类，可根据实际一级和二级中某类并存分类，特别是在条件允许的情况下，混凝土类与砖瓦类可分别收集；石膏、加气块等可分别收集。当前市场上建筑垃圾再生处理成本高，产品质量不易控制，其主要原因就是原料中杂物特别是轻质杂物太多。

工程垃圾、拆除垃圾、装修垃圾分类表　　　　　　　　　　表 1.4.2

一级分类	二级分类
无机非金属类	混凝土、水泥制品、砂石
	砖瓦、陶瓷、砂浆、轻型墙体材料
	…
金属类	钢铁
	铝
	铜

续表

一级分类	二级分类
有机类	木材
	塑料
	纸类
	沥青类
其他类	混合

1.4.3 建筑垃圾资源化技术

工程垃圾、拆除垃圾、装修垃圾的资源化实质上就是将废混凝土、砖石等无机非金属材料处理成为再生骨料等材料并用于建材生产的过程，其核心是建筑垃圾的再生处理，生产线可包括除土、破碎、筛分（分级）、分选除杂（人工、磁选、风选、水选，除去铁、轻物质等）、输送和再生微粉制备系统（粉磨）。另外还包括降尘、降噪、废水处理（湿法时）等环保辅助系统。建筑垃圾再生处理要基于原料特点、再生产品市场需求设计工艺环节，建筑垃圾成分不同、复杂程度不同、再生产品种类不同、出路不同，处理工艺也不同。总体看可分为固定设施和临时设施，典型工艺流程分别见图1.4.3-1、图1.4.3-2。由于固定设施在场地、水和电等工业条件相对完备，破碎、筛分可以多级，分选可以多种

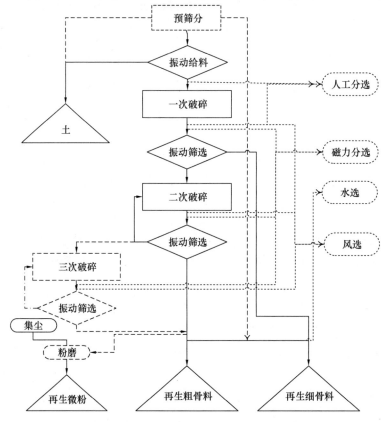

图 1.4.3-1　固定设施再生处理工艺流程

方式、多点联合进行，可以设置完备除尘设施、环境污染低，因此对建筑垃圾的适用性较强，且再生骨料品质总体较好，但相对占地面积大、总投资高、审批时间长、建设周期长，要求垃圾原料能持续的供应和再生产品有稳定的市场。临时设施大多采用移动式破碎线，因其设备方便移动，占地面积小，对场地的适应能力好，项目上马快，虽然设备价格高，但总投资成本低、设备利用价值高，减小运输成本及运输带来的污染，能适应各类再生产品要求。

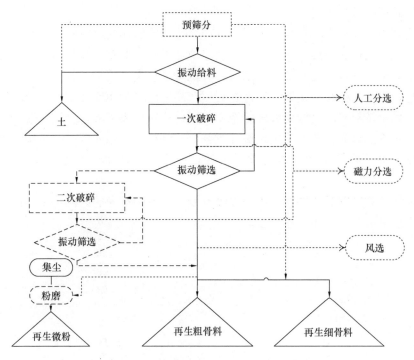

图 1.4.3-2 临时设施处理工艺流程

按建筑垃圾资源化利用过程，再生产品可分为两大类，一是由建筑垃圾直接处理得到的粒料，包括再生骨料、再生微粉及冗余土等，可称为再生材料；二是利用再生材料制备的各种建材产品，可称之为资源化利用产品，包括再生骨料混凝土、砂浆及其制品等。其中再生材料也可以直接应用于工程建设。在工程建设用原材料短缺的问题越来越突出，建筑垃圾产生量急剧增长的大背景下，市场给再生材料提供更大的空间，再生产品类型越来越丰富，应用领域越来越多样。

1.5 建筑垃圾资源化的内涵

2015 年 10 月，党的十八届五中全会召开，鲜明提出了"创新、协调、绿色、开放、共享"的发展理念。其中，绿色发展理念最为瞩目，其阐明了发展经济与保护生态的关系，是解决保护环境与经济发展之间矛盾的必然选择。而循环经济是绿色发展的必然要求。循环经济是运用生态学规律来指导人类社会的经济活动，是以资源的高效利用和循环利用为核心，以"减量化、再利用、再循环"为原则，以低消耗、低排放、高效率为基本特征的社会生产和再生产方式，其实质是以尽可能少的资源消耗和尽可能小的环境代价实现最大的发展效益；是实现从末端治理转向源头污染控制，从工业化以来的传统经济转向可持续发展的经济增长方式，从根本上缓解日益尖锐的资源约束矛盾和突出的环境压力，促进人与自然和谐发展的现实选择。因此绿色发展的突破口是从直线经济到循环经济的转变。建筑垃圾资源化利用是将建筑垃圾转变为资源的一种过程，即通过技术措施、管理手段，将建筑垃圾转变为具有利用价值的资源，其本质就是建筑垃圾循环利用，是循环经济在工程建设领域的重要体现。

资源化利用是指对建筑垃圾进行加工处理，使之能够作为原材料重新利用。资源化利用的对象一般是以拆除垃圾、工程垃圾、装修垃圾中的废混凝土及其制品、砂石、砖瓦等为主的无机非金属材料，通过破碎、筛分、分拣等工艺生产再生骨料或再生产品。建筑垃圾资源化包括产生、储存、运输、处理、再生产品生产与利用等环节，涉及传统的工程施工、运输、建材及新兴的资源化处理等企业。因此建筑垃圾资源化利用产业牵涉政府主管部门、承包企业、运输企业、建筑垃圾处置企业、建材生产企业等多方机构，真正将建筑垃圾资源化利用领域产业化，需要政府主导，业主、设计单位、甚至相关科研院所的配合。

目前，建筑垃圾资源化的对象仍是以废混凝土、废砖石为主的拆建类垃圾，其总量约占建筑垃圾总量的 $30\%\sim40\%$。

第2章 建筑垃圾资源化产业现状与前景

2.1 国外建筑垃圾资源化产业现状

经过近70年的研究实践，欧盟、日本、美国等发达国家和地区通过不断探索和实践，建筑垃圾资源化率已达70%～98%，构建了资源化全产业链的技术体系，主要做法是：（1）在规划、设计、施工、运维、拆除过程中就考虑减少建筑垃圾的产生和后续处理，如丹麦利用BIM技术研究建筑垃圾的减量；（2）实现建筑垃圾资源化利用的最大化和最终填埋量的最小化，根据再生骨料的特点，合理利用，不追求骨料自身的完美和再生产品的高附加值；（3）从产生源头开始强化分类，为后期资源化利用打好基础。美国和欧洲在建工地全部配有适宜的储运吊装装备进行分类，拆除工地也通过分类后运输到处置企业。目前，一些发达国家和地区已把建筑垃圾作为矿物资源开展研究，向信息化、智能化发展，如瑞士的拆除机器人已实现边拆边回收。

1. 日本

日本是一个矿产资源极度缺乏的国家，因此特别重视资源的回收利用。日本将建筑垃圾称为"建筑副产物"，包括再生资源和废弃物两类，具体包括建设工程排土等可直接使用的原材料，沥青混凝土块、混凝土块、建筑混合废弃物、建筑废木料、建筑污泥等可能使用的原材料，以及有害和危险物质等不能使用的原材料。

日本政府针对其所面临的严峻资源与环境问题以及对国家可持续发展所带来的压力，为建筑垃圾资源化利用搭建了目前世界上最先进的法律体系，促使日本成为建筑垃圾资源化利用率最高的国家之一。日本于20世纪90年代末提出了建立循环经济的构想，2000年把建立循环型社会提升为基本国策，颁布和实施了《循环型社会形成推动基本法》等6部法律。日本的建筑垃圾资源化利用法律体系采取了基本法统率综合法和专门法的模式，其法律体系分为4个层级，第一层级是《环境基本法》，是环境保护的基本计划；第二层级是《循环型社会形成推进基本法》，是推动循环型社会形成的基本法律框架；第三层级是普通法律体系，即《废弃物处理法》《资源有效利用促进法》《绿色采购法》；第四层级是针对个别物品的不同特性而制定的专门法，分别包括《建设循环利用法》《食品循环利用法》《汽车循环利用法》等，基本做到了建筑垃圾资源化利用有法可依、有章可循。

日本实行拆除工程现场标识制度，要求拆除工程单位必须根据主管部门条令所规定内容，在其每个营业所及每个拆除工程现场，将记载有单位名称或姓名、登记编号及主管部门条令所规定的其他事项的标识公布在公众容易看到的地方；并实行报告检查制度，确保建筑材料分类拆除及资源化的正确实施。通过适当且公平地征收费用，采取措施促进生产单位及个人进行资源化利用，并通过立法规定，每年以一定的金额，为各个特定废弃物最终处理场所提供维护管理基金。同时，积极鼓励国家和地方团体参与资源化工作，监督排放和处置企业，适当而公平地将建筑垃圾再生处置的费用及社会团体参与资源化工作产生的费用部分或全部分担给相应的企业。日本在法律中明确规定要求建立建筑垃圾资源化利用信息交互平台，明确规定了建筑垃圾产生前、实施拆除过程中、建筑垃圾产生后各环节中工程建设单位、总承包单位、分包单位在建筑垃圾产生量、回收量、处置量等信息登记制度中的责任和义务，实行建筑垃圾资源化利用信息的动态监控。

　　行之有效的宏观法律手段和微观技术手段，极大地促进了日本建筑垃圾的回收利用，使得日本建筑垃圾资源化率不断提高。1995 年日本建筑固体废弃物的资源化率达到 42%，2000 年这一指标上升到 81%，2007 年的调查显示，日本建筑工地产生的废弃物总量有 6380 万吨，其中最终作为垃圾处理的仅有 402 万吨，再资源化的比例达 92.2%，使建筑垃圾回收比例从 1995 年的 42% 提高到 2011 年的 97%。目前，日本建筑废弃物再利用率几乎达到 100%。

2. 德国

　　德国的建筑垃圾管理水平也位于世界前列，德国建筑垃圾管理政策的目标就是实现一种面向未来的、可持续的循环经济，其政策重心首先是资源保护，其次是尽可能有效地处理建筑垃圾。德国在建筑垃圾管理方面坚持预防为主、产品责任制和合作原则，着眼避免产生不必要的建筑垃圾。德国形成了一套完善的富有特色的建筑垃圾管理体系。1972 年颁布了《废弃物管理法》，要求关闭垃圾堆放厂，建立垃圾中心处理站，进行焚烧和填埋。石油危机后，德国开始从垃圾焚烧中获取电能和热能。到 20 世纪中后期，德国意识到简单的建筑垃圾末端处理并不能从根本上解决问题。为此在 1986 年颁布了新的建筑垃圾管理法，试图解决建筑垃圾的减量化和再利用问题。1996 年德国提出了新的《循环经济与废弃物管理法》，把建筑垃圾提高到发展循环经济的高度。德国的建筑垃圾处理相关法律法规可以分为三个层次，即法案、条例和指南。有《循环经济与废弃物处理法》《环境义务法案》《废弃物处置条例》《废弃物管理技术指南》《城市固体废弃物管理技术指南》等。

　　德国建筑垃圾资源化利用的资金主要来自政府拨款和企业投资两个方面。政府拨款来源于联邦政府向国民所征收的税收以及环保收费，通过编制财政预算进行资金投放。一些积极发展循环经济的大型跨国公司愿意为清洁生产和新能源的技术开发投入大量资金，也有企业直接向德国政府捐赠。为了增强市场竞争力，保持良好的商业口碑，适应绿色消费的需要，一些中小企业也开始效仿这种做法。另外，根据德国 DSD 系统的要求，参与其中的"绿点"企业须缴纳一定的环保标志使用费。德国政府同时重视科技发展，投入大量资金支持循环经济的相关研究，联保政府、大学及科研院所、大型跨国企业、民间研究机构都参与到研究开发中来。正因为如此，德国工业行业的资源产出率和资源利用率才能居于世界领先水平。德国先进的环保技术推动了循环经济的发展，而带动技术发展的因素除资金投入外，与严格的环保政策密不可分。德国循环经济政策中强行规定企业生产过程中的废弃物回收率要达到相应的标准；规定特定的企业必须雇用受过环保专业培训并持有证书的专职环保人员，这些人员直接受联邦政府管理，企业无权解雇。同时，德国采取多层级的建筑垃圾收费价格体系，并在法律法规明确了相应的罚则。

　　德国的城市改造和工业发展已经进入稳定时期，近年来德国建筑垃圾的数量波动不大，根据德国行业协会组织统计显示：德国的建筑垃圾数量约占整个产业废弃物的 20%，人均年产建筑垃圾 0.503 吨/人，德国共有 200 余家建筑垃圾处理企业，而且每个地区都有大型的建筑垃圾再生处理厂，仅柏林就有 20 个。德国建筑垃圾处理的回收利用率已超过 87%，该行业年营业额达 20 亿欧元。

3. 韩国

韩国政府专门制定了旨在构建资源循环型社会促进建筑垃圾资源化利用的《建筑垃圾再生促进法》，于 2003 年 12 月颁布实施，2005 年、2006 年经历了两次修订，其中第 4～7 条明确规定了国家、政府、订购者、排放者及建筑垃圾处理企业的义务；第 21 条规定了建设垃圾处理企业的设施、设备、技术能力、资本及占地面积规模等许可标准；第 35 条规定制定再生骨料的品质标准及设计、施工指南；第 36、37 条规定了再生骨料的品质认证要求及取消规定；第 38 条规定了义务使用建筑垃圾再生骨料的工程范围和使用量；第 63～66 条详细规定了违反该法不同事项下的罚则。

韩国要求将再生骨料分类使用，普通骨料可用于铺路，优质骨料可按一定比例制备再生混凝土。同时，韩国要求成立企业联合体，通过增进成员相互合作寻求自动经济活动，经营建筑垃圾处理所必要的各种保证和资金融资，运行保证会员处理放置建筑垃圾的分担金及责任储备金。企业联合体为增进根据其他法律的企业联合体的相互合作和理解，可实施信息交换等共同事业。为确保再生骨料的品质，健全培育及发展建筑垃圾再生处理企业，可以成立协会。据韩国权威部门统计，韩国的建筑垃圾占废弃物总量的 50%，人均年产建筑垃圾 1.361 吨/人。韩国建筑废弃物再生利用率由 1996 年的 58.4% 上升至 97% 以上，已有 500 家建筑垃圾再生处理企业，基本实现了建筑废弃物再生利用的目标。

4. 新加坡

新加坡拥有世界上第一家从海域发展而来的建筑垃圾填埋场，其正式名称是"实马高垃圾填埋场"，由实马高岛和锡京岛两座小岛相互连接、围海而成。20 世纪六七十年代，新加坡依赖全岛周围的垃圾填埋场来处置建筑垃圾，但到了 20 世纪 70 年代末期，土地空间有限迫使政府必须采取措施减少废物的产生并提高回收利用率。新加坡的《公共环境卫生法》对建筑垃圾资源化利用及管理产生了巨大的积极作用，成为行业的指导和准则。2002 年 8 月，新加坡开始推行"绿色宏图 2012 废物减量行动计划"。主要推行源头减量—分类回收—填埋的战略，建筑工程广泛采用绿色设计、绿色施工理念，优化建筑流程，大量采用工厂制作的预制建筑部件，减少现场施工量，延长设计使用寿命，同时对建筑垃圾收取 77 新元/t 上（相当于人民币 363 元/t）的处理费，以减少建筑垃圾排放量并促使承包商自觉分类回收利用。

新加坡对建筑垃圾再生产品的应用做了强制性规定，在新建项目中，再生混凝土骨料的使用比例为 20%；对随意处置建筑垃圾高额处罚，并采取财政补贴、研究奖励、特许经营等方式降低建筑垃圾资源化利用企业的成本，提供建筑垃圾资源化利用企业创新项目研究基金。法律、政策和标准的完善有效推动了建筑资源化。2006 年，新加坡建筑垃圾产生量为 60 万吨，人均年产建筑垃圾 0.2 吨/人，98% 的建筑垃圾都得到了处理，其中 50%～60% 的建筑垃圾实现了循环利用。新加坡国家环境局数据显示，2014 年该国全年产生的建筑垃圾总量为 126.97 万吨，其中回收利用量达到 126 万吨，回收率达到 99%。

2.2　国内建筑垃圾资源化产业现状

2.2.1　产业发展现状

20 世纪 90 年代，一些大型施工企业基于施工现场建筑垃圾大量产生，从经济角度出发，自发对建筑垃圾的处置和资源化展开探索性研究与实践，代表性案例有：上海第二建筑工程公司 1990 年在上海市中心的霍兰和华亭两项工程的几栋高层的建筑施工中，将在结构施工阶段所产生的道砟、碎砖、混凝土碎块等回用于砌筑砂浆和抹灰砂浆，回收利用的废渣约 480t；1992 年北京城建一公司先后在 9 万平方米不同结构类型的多层和高层建筑的施工过程中回收利用各种建筑废料用于砌筑砂浆、内墙和顶棚抹灰、细石混凝土地面和混凝土垫层，使用面积达 3 万多平方米。此阶段的建筑垃圾资源化利用对象是施工企业自己产生、自己收集、相对洁净的建筑垃圾，基本是在施工现场采用简单的一次破碎工艺再生处理成为再生骨料，用于现场拌制砂浆、混凝土，回用于工程。

2000 年以后，旧城改造、新城建设产生的建筑垃圾量快速增长，同时大规模的工程建设对骨料具有巨大需求，建筑垃圾无处堆存的问题开始在一些城市出现，建筑垃圾资源化处置逐步成为一些地方政府和企业的自觉行为。在北京、河北、深圳、许昌等地陆续出现专门从事建筑垃圾资源化处置且具有 100 万吨以上处置能力的企业，同时顺应工程建设用砂石骨料的市场需求，也出现了一些小规模的生产线，但规模化企业运营艰难，建筑垃圾资源化产业开始起步。建筑垃圾资源化产品主要是再生骨料、再生砖、再生道路基层用材料等。此阶段的建筑垃圾资源化处置已是专业企业的行为，由专业厂家将建筑垃圾再生处置成为再生骨料，生产设施也有了固定式和移动式之分，固定式一般采用两级或以上破碎及筛分技术，移动式一般采用一级破碎筛分，除土、磁选、风选等分选工艺成为建筑垃圾处置的工艺环节。一般小规模的生产线直接向市场提供再生骨料；规模化企业再生骨料主要内部消化，用于砖、再生道路用材料等资源化产品的生产，余下的再生骨料外销。

2010 年之后，在一些经济发展较快、用地较为紧张的城市，建筑垃圾围城的问题凸显，同时随着国家对资源节约、节能减排的要求提高，一些政策陆续出台，更多地方政府开始重视建筑垃圾资源化利用，更多规模化的建筑垃圾资源化处置生产线建设。此阶段建筑垃圾资源化产品更加多样化，主要是再生骨料、再生混凝土、地面及墙体用各种再生砖、再生砌块、再生道路基层用材料、再生砂浆、水泥用原料等。此阶段，顺应建筑垃圾资源化技术的发展要求，专业提供建筑垃圾资源化处置设备的企业出现。同时建筑垃圾资源化产品更加多元化，规模化处置企业纷纷选择再生砌块、再生砂浆、再生混凝土高附加值再生产品。

2018～2019 年，住房和城乡建设部在北京市等 35 个城市（区）开展了全国建筑垃圾治理试点工作，试点城市有关数据统计表明，在国家政策引导和市场推动下，我国建筑垃圾资源化利用企业增长迅速。截至 2020 年 6 月，据不完全统计，建筑垃圾资源化处理项目 593 个，已建成实际能力达 3.7 亿吨/年，从业人数超过 5 万人，建筑垃圾资源化行业已具备一定规模，建筑垃圾治理由填埋向资源化转变。2019 年全国建筑垃圾资源化实际处理量约为 1.9 亿吨。2020 年上半年 35 个试点城市规划中、在建中的资源化设施数量看均远高于相应的填埋处置设施量,资源化已经成为建筑垃圾处理的首选,重点地区处理能力稳步提升。

目前对建筑垃圾资源化的主要对象为拆除垃圾、工程垃圾及装修垃圾,以上三类建筑垃圾的资源化率约为40%。建筑垃圾资源化设施规模按年处置能力分为大、中、小型三类,其中大型不低于100万吨/年;中型不低于50万吨/年;小型不低于25万吨/年。据估计全国现有大型设施不低于200个,中型不低于300个。

行业管理方面,2016年12月工业和信息化部联合住房和城乡建设部发布建筑垃圾资源化利用行业规范条件(暂行)和公告管理暂行办法,引导建筑垃圾资源化利用行业持续健康发展。2018年1月、2019年2月和2020年4月相继公告发布3批共13家符合规范条件企业名单(表2.2.1),规范企业的产能规模与当地及周边市场相适应,区域集中度较高,普遍采用自动化程度高、节能环保的工艺装备,进场建筑垃圾资源化率95%以上,代表了行业先进水平,发挥了行业引领作用。

符合《建筑垃圾资源化利用行业规范条件》企业名单　　　　　表2.2.1

序号	批次	所属地区	企业名称
1	第一批	浙江	杭州富丽华建材有限公司
2	第一批	浙江	桐乡市同德墙体建材股份有限公司
3	第一批	河南	河南盛天环保再生资源利用有限公司
4	第一批	河南	许昌金科资源再生股份有限公司
5	第一批	陕西	陕西建新环保科技发展有限公司
6	第二批	江苏	苏州市建筑材料再生资源利用有限公司
7	第二批	广东	深圳市永安环保实业有限公司
8	第二批	广东	深圳市绿发鹏程环保科技有限公司
9	第三批	山西	山西大地华基建材科技有限公司
10	第三批	山东	临沂蓝泰环保科技有限公司
11	第三批	福建	厦门宏鹭升建筑新材料有限责任公司
12	第三批	福建	厦门森露达环保科技有限公司
13	第三批	河南	河南强耐新材股份有限公司

2.2.2 典型城市产业现状

在建筑垃圾资源化产业起步发展的过程中,早期开展资源化的城市积极探索,开展工作较晚的城市也锐意进取,代表性的城市有:

1. 深圳

深圳是国内较早开展建筑垃圾资源化的城市,近年来建筑垃圾产生量持续稳定在1亿立方米左右。

2009年10月1日,深圳市出台中国第一部建筑废弃物减排与利用地方性法规,该法规文件明确了九大创新制度,包括施工图设计文件中建筑废弃物内容审查备案、建筑废弃物减排及处理方案备案、建筑废弃物再生产品标识、建筑废弃物排放收费、建筑工业化、住宅一次性装修、建筑废弃物回收利用产品的强制使用、建筑余土交换利用、建筑废弃物现场分类，为建筑垃圾资源化产业发展提供了有力支撑。2020 年 6 月，发布《深圳市建筑废弃物管理办法》（深圳市人民政府令第 330 号），全面规定建筑废弃物排放、运输、中转、回填、消纳、利用等处置活动及其监督管理。

深圳市在《深圳市城市建设与土地利用"十三五"规划》中设置"建筑废弃物综合处置工程"专篇，在建筑废弃物填埋处置、加强受纳场安全监管、推行建设工程源头减排、推动建筑废弃物综合利用、完善建筑废弃物管理顶层设计等方面进行通盘规划部署。同时，组织开展《深圳市建筑废弃物治理专项规划》编制工作，结合深圳市各类建筑废弃物处置需求，全面梳理和规划具备受纳场、综合利用厂等处置设施的建设场址，初步遴选了 14 座综合利用设施和 15 座受纳场设施用地。深圳市绿发鹏程环保科技有限公司和深圳市永安环保实业有限公司经工业和信息化部评审，评列入符合《建筑垃圾资源化利用行业规范条件》的企业名单，引领行业发展。

2021 年 4 月 30 日，《深圳市建筑废弃物治理专项规划（2020-2035）》面向社会公开征集意见。根据《规划》（征求意见稿），深圳拟建 11 个建筑废弃物循环经济产业园，至 2035 年，深圳拆除建筑废弃物综合利用率将达到 100%。设施类型包括固定消纳场、水运中转设施、循环经济产业园。其中固定消纳场的功能定位为服务于政府重大建设工程的应急储备设施及消纳建筑废弃物中无法综合利用的惰性组分的兜底设施，规划新建 8 座固定消纳场，保留在建 5 座；循环经济产业园包括工程渣土泥沙分离、拆除废弃物、工程渣土环保烧结及施工废弃物＋装修废弃物集中类型，规划工程渣土泥沙分离循环经济产业园和拆除废弃物循环经济产业园示范项目 1 座，其余工程渣土分离和拆除废弃物的综合利用以处置需求规模为管控指标，依托市场化循环经济产业园处理，总设计处理能力将分别达到为 4070 万立方米/年和 2241 万立方米/年；规划工程渣土环保烧结循环经济产业园 3 座，总设计处理能力为 5283 万立方米/年；规划施工废弃物、装修废弃物循环经济产业园 7 座，总设计处理能力为 895 万立方米/年。

2. 北京

北京市开展建筑垃圾资源化工作较早，是大城市中最早的一批，2007 年就建成年处理能力百万吨的建筑垃圾资源化项目。近年来北京市建筑垃圾总量持续增长；2018 年新机场、行政副中心等重大工程建设及城市"疏整促"工作的集中开展，带来建筑垃圾爆发式增长，总量超过 1.9 亿吨；2019 年建筑垃圾总量有所回落，但仍达 1.7 亿吨左右，其中拆除垃圾、装修垃圾约 3900 万吨。

2011 年 7 月颁布实施的《关于全面推进建筑垃圾综合管理循环利用工作的意见》，意见明确了建筑垃圾资源化的目标、重点任务和保障措施。2011 年制定的《北京市"十二五"时期绿色北京发展建设规划》指出加快推动建筑垃圾综合处置项目建设，再次提出"十二五"期末建筑垃圾资源化率达到 80% 的目标。2011 年 11 月颁布北京市《固定式建筑垃圾资源化处置设施建设导则（试行）》对处置设施的规模与构成、厂址选择、工艺与装备、辅助生产与配套设施、环境保护与安全卫生、主要技术要求进行了规定，为建筑垃圾处置行业准入提供了依据，该《导则》于 2015 年 12 月修订并正式颁布。2013 年，北京市政府就发布了《北京市生活垃圾处理设施建设三年实施方案》，率先将建筑垃圾资源化处置设施纳入生活垃圾处理设施建设体系，并将大兴、石景山、朝阳、海淀、丰台、房山等 6 个区的建筑垃圾资源化处置建设项目纳入规划。2018 年，再次发布了《北京市环境卫生事业发展规划》，在规划中专项增加了建筑垃圾治理相关内容，并将通州、平谷、密云三座固定式建筑垃圾资源化处置工厂建设列入规划。

但受制于多种因素，北京市建筑垃圾资源化开始的十年发展较为缓慢。近年来，随着城市快速发展，"疏整促"的推进，大量违章建筑的拆除，带来北京市拆除垃圾爆发式增长，城市环境治理的压力促成了建筑垃圾资源化产业的快速发展。住建部建筑垃圾治理实施方案下达后，北京市启动建筑垃圾治理专项规划（2020-2035 年）研究工作。专项规划研究对"十四五"期间建筑垃圾产生量实施了预测，在充分吸收三年实施方案和环卫事业发展规划相关内容的基础上，结合北京市实际和工作需要，采取"N＋X"模式规划建筑垃圾消纳场与资源化处置设施。同时将专项规划研究主要内容列入"十四五"环境卫生事业发展规划，确保规划能够落地生效。

2019 年底，北京市投产固定式资源化处置工厂 4 座；临时性资源化处置设施 109 处，其中 4 座固定式工厂产生均在 100 万吨/（年·座），临时性设施根据产能在 50 万吨～80 万吨/（年·座），总设计产能接近 8000 万吨/年，实际产能在 6000 万吨/年以上，2018、2019 年拆除垃圾资源化率均达 90％以上。特别值得一提的是，包括北京都市绿源环保科技有限公司、北京建工资源循环利用投资有限公司、北京城建华晟交通建设有限公司在内的多家国有企业积极投入到北京市建筑垃圾资源化产业，极大促进了北京市建筑垃圾资源化产业发展，引领北京乃至全国建筑垃圾资源化项目建设水平。

3. 上海

上海市持续推进建筑垃圾资源化能力建设，通过"临时＋集中"布局模式，2019 年已形成 550 万吨/年建筑垃圾资源化能力，资源化利用率已达 40％，同时老港、松江、浦东、嘉定、金山、青浦、闵行马桥、崇明等设施建成后上海市将新增 430 万吨/年的建筑垃圾资源化能力。2020 年 11 月发布了《上海市环境卫生设施专项规划（2019-2035 年）》，《规划》提出完善按工程渣土、工程泥浆、拆房垃圾、装修垃圾、工程垃圾分类的建筑垃圾处理利用体系，工程渣土按"郊区自行处理、中心城区统筹消纳"原则，依托滩涂促淤、骨干路网和水系两侧绿化隔离带等消纳处置；工程泥浆以源头干化和集中干化相结合的方式处理后纳入工程渣土体系处置；规划拆房垃圾和装修垃圾综合利用厂 12 座；工程垃圾依托市场化建筑垃圾资源化利用设施处理；按主要服务中心城区原则布局源头建筑垃圾装载码头 8 座；各区至少布局 1 座装修垃圾转运设施。

4. 常州

常州市建筑垃圾资源化起步较晚，但推进有力，对拆建类建筑垃圾较早建成了规模化的资源化项目，且对装修垃圾资源化的探索起步较早。编制了《常州市城市建筑垃圾处理规划（2017-2030）》，规划明确了建筑垃圾处置的基本原则、近期目标和设施布局，其中溧阳市、金坛区在各自行政区域内统一设置终端处置场和资源化处理厂，就近处置建筑垃圾；市区建设一南（武进区）一北（新北区）两处建筑（装修）垃圾终端处置设施。

近年来，常州市把建筑垃圾资源化利用作为发展循环经济、节能减排和实施可持续发展战略的重要举措，积极构建建筑垃圾资源化处置体系，打造"一链、一线、一端、一网、一平台"五个一闭环式管理模式（"一链"：在源头推行定点收集，打造全覆盖收运链；"一线"：在途中加强运输监管，打造无缝隙监管线；"一端"：在终端实现变废为宝，打造资源化处置端；"一平台"：在全程深化多方保障，打造立体化共治平台；"一网"：在城乡统筹垃圾处理，打造城乡一体化处置网），初步形成了建筑垃圾资源化全产业链。

建筑垃圾资源化处置采用固定与移动相结合的方式，既实现了大批量建筑垃圾的定点再生处理，又可对零散分布的建筑垃圾进行现场快速处理、就地利用。江苏绿和环境科技有限公司处理能力大，再生产品多样化、成体系，经工业和信息化部评审，评列入符合《建筑垃圾资源化利用行业规范条件》的企业名单，引领行业发展。

5. 许昌

许昌市建筑垃圾资源化起步早，全过程管理到位，实行特许经营，具有规模化处置企业，长期状况良好。

许昌市把建筑垃圾管理和资源化利用纳入城市规划和发展布局，高标准、高起点编制《许昌市建筑垃圾资源化利用专项规划》，着力构建布局合理、管理规范、技术先进的建筑垃圾资源化利用体系。充分挖掘建筑垃圾价值，督促指导各区利用弃土类建筑垃圾规划建设城市山地公园，既解决了生态问题，又丰富了地形地貌，还缩减了建造成本，真正实现了建筑垃圾"变废为宝"。

特许经营企业许昌金科资源再生股份有限公司先后建成了破碎筛分生产线、再生砖/砌块生产线、再生稳定碎石生产线和再生砂浆生产线等，年处置拆除类建筑垃圾能力达400万吨，建筑垃圾再生产品已广泛应用于许昌市区道路、游园、广场、房屋、河道、水利等工程的建设之中。特别是在许昌市水系工程建设中，建筑垃圾再生产品大量应用，得到了政府和社会的一致认可和好评。

6. 长沙

编制了《长沙市建筑垃圾治理专项规划（2018-2035）》。其中，近期规划建设建筑垃圾资源化利用处理场15处，合计设计处理能力1550万吨/年；远期规划结合建筑垃圾资源化利用特许经营制度，规划建设建筑垃圾资源化利用处理厂8处，年总处置能力为1800万吨，满足全市拆除垃圾、工程垃圾、装修垃圾约1500万吨/年产量的处置需求。

相继出台了《长沙市建筑垃圾资源化利用管理办法》及其实施细则，明确政府投资的城市道路、河道、公园、广场等市政工程和房建工程应使用建筑垃圾再生产品，鼓励社会投资项目积极使用建筑垃圾再生产品。开展建筑垃圾资源化利用课题研究，发布了《建筑垃圾骨料再生混凝土应用技术指南》等7个地方技术标准，给长沙市建筑垃圾资源化工作提供了标准化支撑。《关于开展建筑垃圾资源化利用试点项目建设的通知》文件要求区县两级政府投资建设的市政项目均应试点使用建筑垃圾资源化利用产品。2018～2019年共资源化利用建筑垃圾约800万吨，生产再生产品约720万吨，主要应用在长益高速扩容工程道路、京珠高速东辅道等项目上，拆除建筑垃圾资源化利用率达到80%以上，培养了云中科技、建工环保、锦佳环保等一批资源化利用规模企业。

2.3　国内建筑垃圾资源化产业前景

2.3.1　市场预测

1. 建筑垃圾产生量大

近年来，随着城镇化的快速推进，新建、改扩建和装饰装修工程量持续高位，建筑垃圾产生量也持续保持增长。特别是全国性的地铁、管廊等地下空间开发，棚户区改造、违章建筑拆除等大体量工程施工，在一些地区，建筑垃圾甚至出现爆发式增长。

2018 年 3 月 23 日住房和城乡建设部印发了《关于开展建筑垃圾治理试点工作的通知》（建城函〔2018〕65 号），在北京市等 35 个城市（区）开展建筑垃圾治理试点工作。2019 年 12 月，完成建筑垃圾治理试点验收工作。35 个建筑垃圾治理试点城市（区）统计数据显示，有 11 个城市 2018 年、2019 年建筑垃圾的产生量超过 5000 万吨，其中北京、杭州、深圳均超过 1 亿吨，成都、西安在 1 亿吨左右波动，上海市 2019 年也接近亿吨；除北京、杭州、成都外，其他城市 2019 年产生量较 2018 年均有不同程度增加，尤以西安、上海、南京、重庆（主城区）增量明显。综合 35 个城市的年度建筑垃圾产生总量，2018、2019 年分别为 13.1 亿吨、13.7 亿吨，由此推算全国总量每年不低于 20 亿吨/年。如此大量的建筑垃圾资源化需要强大的产业支撑（图 2.3.1-1）。

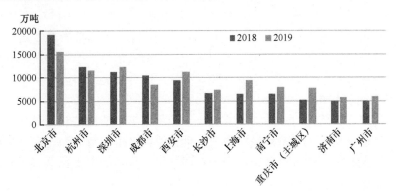

图 2.3.1-1　部分城市建筑垃圾产生量

数据来源：全国建筑垃圾治理试点工作总结报告

2. 砂石需求持续高位

随着我国经济建设的发展，砂石需求持续加大。当前，我国砂石骨料仍处于产需两旺的阶段，未来较长的时间内产量或都将处于高位运行。受环保督察影响，2018 年部分砂石企业关停，当年的砂石产量曾出现显著下降；2019 年国内的砂石产量有所回升，维持在 188 亿吨左右（图 2.3.1-2）。

我国正在进入新的大基建时代，砂石行业处在需求坚挺、供应不稳的局面。以目前的情况看，基础设施建设始终对砂石需求起到托底作用，基建在砂石需求中的占比还将不断扩大。两会政府工作报告指出，2020 年拟安排的地方政府专项债券 3.75 万亿元，重点支持内容包括加强新型基础设施建设、新型城镇化建设、县城公共设施和服务能力建设、

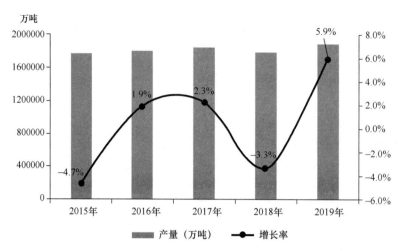

图 2.3.1-2　2015～2019 年全国砂石骨料产量及增速

数据来源：砂石骨料网数据中心

3.9 万个城镇老旧小区改造、交通水利等重大工程建设、国家铁路建设等。基础建设离不开砂石产业做重要支撑，据中国砂石协会预期，砂石骨料需求将持续保持约 200 亿吨的高位。

近年来随着国家对基础设施投入的加大以及生态环保等方面的愈加严格，砂石行业受到严重冲击，在许多地方出现了"一砂难求"的局面。2019 年以来，全国砂石价格普遍上涨，局部砂石短缺引发工程停工，诱发非法海砂、风化砂等劣质砂石滥用。国家基础设施建设"补短板"持续加速，砂石作为基础设施建设用量最大、不可或缺、不可替代的原材料，需求量维持高位，解决砂石供需平衡，有效缓解砂石短缺、高价问题迫在眉睫。

3. 建筑垃圾资源化市场预测

目前建筑垃圾资源化的对象是以废混凝土、砖瓦石为主的无机非金属材料，主要来源于拆除、施工类建筑垃圾。建筑垃圾总量中，拆除垃圾、工程垃圾、装饰装修垃圾约占到 40%。这些垃圾主要成分的废混凝土、废砖石即是再生骨料的主要料源。当下，拆除建筑垃圾的来源主要还是砖混结构建筑，废混凝土只占 30% 左右。

今后，随着拆除结构将会向以现浇混凝土为主的情况转变，废混凝土会占 70% 左右，按上述产量估算为依据，潜在的再生骨料产出量可达 8 亿吨。此外，工程渣土中也含有一定量的天然砂石，各地情况不同，比例不一，高的能达 70%，低的也有 30%，按目前 50% 的含砂量就具有市场化价值的情况估算，大致有 6 亿吨的潜在能力。两者相加近 14 亿吨的骨料量能对砂石资源短缺起到一定的缓解作用。从长远看，现在每年近 200 亿吨的建筑砂石投入，若干年后都将成为建筑垃圾，到那时，再生骨料将成为砂石骨料的主要来源。目前，英国等国的再生骨料已占到全部建筑骨料的 20%，比利时提出到 2050 年，将以再生骨料全部替代天然骨料。只要坚持建筑垃圾资源化的方向，我国再生骨料占建筑骨料的比例亦将逐步提高，到了一定的历史阶段，建筑垃圾将成为砂石骨料的主要来源。

2.3.2　产业规模预测

建筑垃圾资源化行业经过十余年的发展，具备处理能力的区域不断扩大，设施类型越来越多元化，技术专业化水平逐步提高，设施数量快速增加，行业初具规模。估算全国建筑垃圾资源化设施能力 7 亿吨以上，考虑再生骨料直接利用或生产建材再利用带来的综合效益，建筑垃圾资源化效益以 280 元/吨（包括建筑垃圾运输、处理，再生骨料销售及生产其他再生建材销售，建筑垃圾占地费用等）估算，现有建筑垃圾处理设施具有约 2000 亿元的市场空间。

结合前述分析，20 亿吨/年的建筑垃圾产生量，按可资源化建筑垃圾量进行估算，建筑垃圾资源化的市场空间可达 4000 亿元；如果综合考虑工程渣土类建筑垃圾的处理，以行业内普遍使用的 35 元/吨为建筑垃圾运输及处理处置费用为计，其他建筑垃圾运输与处理的市场空间为 1000 亿元，建筑垃圾处理行业预期市场规模可高达 5000 亿元。实际在大多数地区，建筑垃圾运输与处理费用远高于以上计算标准。

2.3.3 技术发展趋势

目前，不少企业规模较小，缺少经费投入和研发能力，对建筑垃圾再生处理还停留在破碎、筛分等环节上，再生处理粗放，使得"大垃圾"变成"小垃圾"，杂质含量高，难以满足再生产品质量要求。建筑垃圾分级利用、精细化高值化利用是未来的技术发展方向，如高精度的人工智能杂质分选技术和砖混分离技术、高强度的再生骨料整形技术、高值化再生产品利用技术、深度学习的互联网＋大数据技术等。

1. 再生处理技术

砖混分离技术从试验走向生产线。在再生处理工艺的链条上，添加"砖混分离"工艺是对建筑垃圾再生处理工艺路线的优化和提升，是实现再生骨料分级利用的重要支撑。目前基于重力、光电分选等原理的砖混分离技术研究较多，但真正能够服务于规模化处理线的非常少。

骨料整形强化技术及装备。随着混凝土用天然骨料的短缺，越来越多再生骨料进入混凝土生产领域。混凝土用再生骨料多为废混凝土再生处理得到。废混凝土再生骨料具有针片状颗粒较多、表面粗糙且包裹水泥砂浆以及表面存在大量微裂缝等性状，其综合性能明显劣于天然骨料。因此，对破碎后的骨料颗粒进一步整形强化处理，提高再生骨料的综合性能将成为更多生产线的工艺需求。再生骨料整形强化有化学方法和物理方法。常规的化学强化处理方法是利用酸液实现骨料强化，但是处理工艺成本高，且存在二次污染风险，目前不具备工业化应用条件。机械方法就是使用机械加工设备，通过骨料之间的相互撞击、磨削等机械作用除去表面黏附的水泥砂浆和颗粒棱角。这种处理方法在国外被广泛采用，主要有卧式回转研磨法、立式冲击整形法、加热研磨法等。

人工智能分选技术。一般通过视觉系统，通过颜色、形状等识别建筑垃圾中的不同组分如混凝土、砖、金属、木材、塑料、织物等，并通过机器人配合选出，实现建筑垃圾的智能精细分选。目前与国外公司合作的人工智能分选生产线在实践中已有建设。国内自主的研究与实践也在逐步开展，有关研究内纳入 2019 年度国家重点研发计划"固废资源化"项目之一的"城镇建筑垃圾智能精细分选与升级利用技术"，预期研究中集成深度学习算法、云端大数据训练、机器人控制技术以及工业云平台四大核心技术，研发精细分选技术、智能 AI 重型机器人、轻型机器人，适用于拆建垃圾、装修垃圾的精细化分选。

装修垃圾再生处理成套工艺技术。随着全国建筑垃圾治理试点工作的推进，装饰装修垃圾的处理问题逐渐凸显，装饰装修垃圾的处理已成为建筑垃圾资源化当下的热点，目前在上海、江苏常州和浙江桐乡等少数地方进行了装饰装修垃圾资源化处理探索，装饰装修垃圾处理技术必然成为推进建筑垃圾资源化发展的重要需求。

2. 再生产品与应用技术

不同用途再生骨料的标准化。再生骨料组成复杂、材性变化大，不同用途对再生骨料的品质要求有差异。根据不同用途进行有针对性的质量指标控制，并将其标准化，是再生骨料生产中的分类分级质量控制和再生骨料应用的重要支撑。目前《混凝土和砂浆用再生细骨料》GB/T 25176－2010、《混凝土用再生粗骨料》GB/T 25177－2010 正在修订中，预期更名为《建筑垃圾再生细骨料》和《建筑垃圾再生粗骨料》，并相应进行技术内容的修订，将更多用途的再生骨料技术要求在国标中予以规定。当然国标不可能做到对所有用途的再生骨料进行规定，对新的应用领域可通过行标、团标、地标予以补充，如建材行业标准《透水铺装设施用再生骨料》正在编制中。《混凝土和砂浆用再生微粉》JG/T 573－2020 已颁布，于 2020 年 8 月 1 日实施，为再生微粉作为掺合料的应用提供支撑。

总之，结合再生材料特点和工程建设的发展方向，开发适用的、多元化的产品，是建筑垃圾资源化不变的方向。

第3章 建筑垃圾资源化产业支撑体系

3.1 法规政策

3.1.1 国家层面法律法规

梳理国家层面关于建筑垃圾资源化产业发展有关法律法规，见表3.1.1。

国家层面有关法律法规 表3.1.1

名称	通过时间	有关条款	对建筑资源化产业的意义
中华人民共和国环境保护法	1989.12.26 通过；2014 年 4.24 第八次修订	国家采取财政、税收、价格、政府采购等方面的政策和措施，鼓励和支持环境保护技术装备、资源综合利用和环境服务等环境保护产业的发展	建筑垃圾资源化属于资源综合利用产业，可列为其中的环保产业，可享受以上优惠政策
		国家鼓励和引导公民、法人和其他组织使用有利于保护环境的产品和再生产品，减少废弃物的产生。国家机关和使用财政资金的其他组织应当优先采购和使用节能、节水、节材等有利于保护环境的产品、设备和设施	为再生产品在政府采购类项目、国家政策扶持引导类项目中优先推广使用提供支持
		各级人民政府应当统筹城乡建设污水处理设施及配套管网，固体废物的收集、运输和处置等环境卫生设施，危险废物集中处置设施、场所以及其他环境保护公共设施，并保障其正常运行	建筑垃圾资源化设施应属于环境保护公共设施，为其纳入政府规划、合理布局、解决用地等问题提供支持
中华人民共和国清洁生产促进法	2002.7.1 实施；2012.2.29 修订	所称清洁生产，是指不断采取改进设计、使用清洁的能源和原料、采用先进的工艺技术与设备、改善管理、综合利用等措施，从源头削减污染，提高资源利用效率，减少或者避免生产、服务和产品使用过程中污染物的产生和排放	建筑垃圾资源化需要减量化，提高资源化率
		各级人民政府应当优先采购节能、节水、废物再生利用等有利于环境与资源保护的产品	政府对建筑垃圾再生产品应用的责任
		国务院有关部门可以根据需要批准设立节能、节水、废物再生利用等环境与资源保护方面的产品标志，并按照国家规定制定相应标准	环保再生产品标识利于推广，可结合当下的建材产品认证落实

名称	通过时间	有关条款	对建筑资源化产业的意义
中华人民共和国循环经济促进法	2009.1.1 实施；2018.10.26 修订	国家机关及使用财政性资金的其他组织应当厉行节约、杜绝浪费、带头使用节能、节水、节地、节材和有利于保护环境的产品、设备和设施，节约使用办公用品	给再生产品的推广给予支持
		国务院和省、自治区、直辖市人民政府及其有关部门应当将循环经济重大科技攻关项目的自主创新研究、应用示范和产业化发展列入国家或者省级科技发展规划和高技术产业发展规划，并安排财政性资金予以支持	提出了对产业需要的国家层面重大科技项目研究及资金支持
		省、自治区、直辖市人民政府可以根据本行政区域经济社会发展状况，实行垃圾排放收费制度。收取的费用专项用于垃圾分类、收集、运输、贮存、利用和处置，不得挪作他用	给地方根据实际情况建立建筑垃圾排放收费制度提供支持
中华人民共和国固体废物污染环境防治法	2005.4.1 实施；2018.10.26 修订；2020.4.29 修订	地方各级人民政府对本行政区域固体废物污染环境防治负责。国家实行固体废物污染环境防治目标责任制和考核评价制度，将固体废物污染环境防治目标完成情况纳入考核评价的内容	明确政府责任
		县级以上地方人民政府应当加强建筑垃圾污染环境的防治，建立建筑垃圾分类处理制度。县级以上地方人民政府应当制定包括源头减量、分类处理、消纳设施和场所布局及建设等在内的建筑垃圾污染环境防治工作规划	明确分类处理、制定规划的要求及责任主体
		国家鼓励采用先进技术、工艺、设备和管理措施，推进建筑垃圾源头减量，建立建筑垃圾回收利用体系。县级以上地方人民政府应当推动建筑垃圾综合利用产品应用	明确建立建筑垃圾回收利用体系、推动再生产品应用及责任主体
		县级以上地方人民政府环境卫生主管部门负责建筑垃圾污染环境防治工作，建立建筑垃圾全过程管理制度，规范建筑垃圾产生、收集、贮存、运输、利用、处置行为，推进综合利用，加强建筑垃圾处置设施、场所建设，保障处置安全，防止污染环境	强调全过程管理
		工程施工单位应当编制建筑垃圾处理方案，采取污染防治措施，并报县级以上地方人民政府环境卫生主管部门备案。工程施工单位应当及时清运工程施工过程中产生的建筑垃圾等固体废物，并按照环境卫生主管部门的规定进行利用或者处置。工程施工单位不得擅自倾倒、抛撒或者堆放工程施工过程中产生的建筑垃圾	明确施工单位的责任，并提出了编制建筑垃圾处理方案的新要求

名称	通过时间	有关条款	对建筑资源化产业的意义
中华人民共和国资源税法	2020.9.1实施	根据国民经济和社会发展需要，国务院对有利于促进资源节约集约利用、保护环境等情形可以规定免征或者减征资源税，报全国人民代表大会常务委员会备案	建筑垃圾资源化属资源节约利用、保护环境范畴，为企业减免税收提供支持

其中特别值得一提的是，2020年4月29日，十三届全国人大常委会第十七次会议审议通过了修订后的《中华人民共和国固体废物污染环境防治法》（以下简称新《固废法》，自2020年9月1日起施行）。此次修改的新《固废法》，突出新时代特色，以实践中的问题为导向，顺应行业发展需求。新《固废法》共新增三章，35条。其中，对建筑垃圾高度重视，单列组章，新增5条8款，为建筑垃圾资源化产业发展提供了明确的上位法支撑，具体可从以下几个方面分析：

（1）明确了政府的责任。新《固废法》明确提出："县级以上地方人民政府应当加强建筑垃圾污染环境的防治，建立建筑垃圾分类处理制度。县级以上地方人民政府应当制定包括源头减量、分类处理、消纳设施和场所布局及建设等在内的建筑垃圾污染环境防治工作规划""国家鼓励采用先进技术、工艺、设备和管理措施，推进建筑垃圾源头减量，建立建筑垃圾回收利用体系""地方各级人民政府对本行政区域固体废物污染环境防治负责。国家实行固体废物污染环境防治目标责任制和考核评价制度，将固体废物污染环境防治目标完成情况纳入考核评价的内容"等。明确了国家及地方各级政府的责任。在国家层面明确建立回收利用体系、实行目标责任制和考核评价，特别是将建筑垃圾分类、规划、再生产品推广应用的责任具体落到了县级以上地方人民政府层面，利于地方政府落实职责，推进产业发展。

（2）明确了源头减量的重要性。新《固废法》提出"国家鼓励采用先进技术、工艺、设备和管理措施，推进建筑垃圾源头减量，建立建筑垃圾回收利用体系"。要求以"最大限度降低固体废物填埋量"来保护我们的绿水青山与生态环境。日前，住房和城乡建设部已出台了《建筑垃圾源头减量化指导意见》和《施工现场建筑垃圾减量化指导手册（试行）》就是对新《固废法》要求最好的落实。

（3）多措施利于产业发展。针对建筑垃圾处理设施建设项目落地难的问题，规定"国务院有关部门、县级以上地方人民政府及其有关部门在编制国土空间规划和相关专项规划时，应当统筹生活垃圾、建筑垃圾、危险废物等固体废物转运、集中处置等设施建设需求，保障转运、集中处置等设施用地"。针对目前建筑垃圾资源化处理企业再生产品销售难的困境，提出"县级以上地方人民政府应当推动建筑垃圾综合利用产品应用"。针对目前建筑垃圾处理从业单位企业小，技术基础差，不具备研发条件，新《固废法》提出"国家鼓励和支持科研单位、固体废物产生单位、固体废物利用单位、固体废物处置单位等联合攻关，研究开发固体废物综合利用、集中处置等的新技术，推动固体废物污染环境防治技术进步"，并规定各级政府要"安排必要的资金用于固体废物污染环境防治的科学研究、技术开发；固体废物集中处置设施建设""加强固体废物污染环境防治科技支撑"等，以前所未有的考核和处罚力度保障建筑垃圾治理工作推进。对政府部门，提出了"国家实行固体废物污染环境防治目标责任制和考核评价制度，将固体废物污染环境防治目标完成情况纳入考核评价的内容""工程施工单位擅自倾倒、抛撒或者堆放工程施工过程中产生的建筑垃圾，或者未按照规定对施工过程中产生的固体废物进行利用或者处置的……处十万元以上一百万元以下的罚款"。随着新《固废法》的实施，建筑垃圾治理工作迎来一个新局面，建筑垃圾资源化产业必将迎来新发展。

3.1.2 国家层面有关政策

梳理国家层面关于建筑垃圾资源化产业发展有关政策，见表 3.1.2。

国家层面有关政策 　　　　　　　　　　　　　　　　　　表 3.1.2

名称	发文部门	有关内容	对建筑资源化产业的意义
《关于转发发展改革委 住房城乡建设部〈绿色建筑行动方案〉的通知》（国办发〔2013〕1号）	国务院办公厅	推进建筑废弃物资源化利用。落实建筑废弃物处理责任制，按照"谁产生、谁负责"的原则进行建筑废弃物的收集、运输和处理。住房城乡建设、发展改革、财政、工业和信息化部门要制定实施方案，推行建筑废弃物集中处理和分级利用，加快建筑废弃物资源化利用技术、装备研发推广，编制建筑废弃物综合利用技术标准，开展建筑废弃物资源化利用示范，研究建立建筑废弃物再生产品标识制度。地方各级人民政府对本行政区域内的废弃物资源化利用负总责，地级以上城市要因地制宜设立专门的建筑废弃物集中处理基地	将建筑垃圾资源化利用明确作为重点任务提出，并进行任务分工。促进地级以上城市设立建筑垃圾专门集中处理设施，推动产业起步
《关于印发〈循环经济发展战略及近期行动计划〉的通知》（国发〔2013〕5号）	国务院	推动利废建材规模化发展。推进利用矿渣、煤矸石、粉煤灰、尾矿、工业副产石膏、建筑废弃物和废旧路面材料等大宗固体废物生产建材……培育利废建材行业龙头企业	明确建筑垃圾生产建材是需要推动规模化发展的方向之一，培训利废建材行业龙头企业利于产业发展
《工业固体废物综合利用先进适用技术目录（第一批）》（2013 年第 18 号公告）	工业和信息化部	废弃混凝土资源循环利用技术；固体废弃物制作新型墙材技术（含建筑垃圾为主要原料）	成熟技术的先进性认定，利于技术推广，促进产业发展
《关于加快发展节能环保产业的意见》（国发〔2013〕30号）	国务院	深化废弃物综合利用。推动资源综合利用示范基地建设，鼓励产业聚集，培育龙头企业	纳入示范基地，产业聚集及龙头企业培育，利于产业发展
《关于印发〈资源综合利用产品和劳务增值税优惠目录〉的通知》（财税〔2015〕78号）	财政部国家税务总局	产品以建（构）筑废物为原料的，符合《混凝土用再生粗骨料》GB/T 25177-2010 或《混凝土和砂浆用再生细骨料》GB/T 25176-2010 享受 50% 的退税比例。产品原料 70% 以上来自建筑垃圾的混凝土、砂浆、砌块等，享受退税比例 70%	提高资源化企业的盈利能力，利于产业发展

续表

名称	发文部门	有关内容	对建筑资源化产业的意义
《关于深入推进新型城镇化建设的若干意见》（国发〔2016〕8号）	国务院	推动新型城市建设……加强垃圾处理设施建设，基本建立建筑垃圾、餐厨废弃物、园林废弃物等回收和再生利用体系，建设循环型城市。划定永久基本农田、生态保护红线和城市开发边界，实施城市生态廊道建设和生态系统修复工程……	首次明确提出建立建筑垃圾回收和再生利用体系，助推产业发展
《关于进一步加强城市规划建设管理工作的若干意见》（2016年2月6日发）	国务院	加强垃圾综合治理……到2020年，力争将垃圾回收利用率提高到35%以上。强化城市保洁工作，加强垃圾处理设施建设，统筹城乡垃圾处理处置，大力解决垃圾围城问题。推进垃圾收运处理企业化、市场化，促进垃圾清运体系与再生资源回收体系对接……完善激励机制和政策，力争用5年左右时间，基本建立餐厨废弃物和建筑垃圾回收和再生利用体系	推进垃圾收运处理企业化、市场化是实现建筑垃圾回收利用率的保证，产业发展成为加强垃圾综合治理的必然选择
《关于促进建材工业稳增长调结构增效益的指导意见》（国办发〔2016〕34号）	国务院办公厅	积极利用尾矿废石、建筑垃圾等固废替代自然资源，发展机制砂石、混凝土掺合料、砌块墙材、低碳水泥等产品	给建筑产生再生产品明确了更多应用领域，助力产业发展
《建筑垃圾资源化利用行业规范条件》（2016年第71号公告）	工业和信息化部住房城乡建设部	对建筑垃圾资源化生产企业设立和布局、生产规模和管理、资源综合利用及能源消耗、工艺与装备、环境保护、产品质量与职业教育、安全生产等内容作了全面的规定	对规范建筑垃圾资源化产业发展秩序，提高建筑垃圾资源化利用水平，培育行业骨干企业具有重要意义
《战略性新兴产业重点产品和服务指导目录（2016版）》（2017年第1号公告）	国家发展改革委	建筑废弃物和道路沥青资源化无害化利用移动式和固定式相结合的建筑废弃物综合利用成套设备，建筑废弃物生产道路结构层材料、人行道透水材料、市政设施复合材料等……	列入国家战略性新兴产业重点产品目录为产业发展注入新的活力
《关于印发〈循环发展引领行动〉的通知》（2017年4月21日）	国家发展改革委等十四部委	加强城市低值废弃物资源化利用加快建筑垃圾资源化利用。发布加强建筑垃圾管理及资源化利用工作的指导意见，制定建筑垃圾资源化利用行业规范条件。开展建筑垃圾管理和资源化利用试点省建设工作。完善建筑垃圾回收网络，制定建筑垃圾分类标准，加强分类回收和分选。探索建立建筑垃圾资源化利用的技术模式和商业模式。继续推进利用建筑垃圾生产粗细骨料和再生填料，规模化运用于路基填充、路面底基层等建设。提高建筑垃圾资源化利用的技术装备水平，将建筑垃圾生产的建材产品纳入新型墙材推广目录。把建筑垃圾资源化利用的要求列入绿色建筑、生态建筑评价体系。到2020年，城市建筑垃圾资源化处理率达到13%	建筑垃圾资源化纳入循环经济引领行动，并对工作做了全面的部署，指引建筑垃圾资源化可持续发展的方向

续表

名称	发文部门	有关内容	对建筑资源化产业的意义
《关于印发〈全国城市市政基础设施建设"十三五"规划〉的通知》（建城〔2017〕116号）	住房城乡建设部 国家发展改革委	新增建筑垃圾资源化利用能力108.29万吨/日	将建筑垃圾资源化设施明确纳入市政基础设施规划，明确产业的地位，为产业发展提供了用地、资金等政策保障
《国家工业资源综合利用先进适用技术装备目录》（2017年第40号公告）	工业和信息化部	建筑垃圾生产再生骨料及再生无机混合料技术、建筑垃圾再生利用破碎机、建筑废弃物再生惰/活性砂粉技术与装备、建筑垃圾整形筛分处理设备	列入目录的先进技术装备为建筑垃圾资源化产业发展提供更多的技术支持
《关于推进资源循环利用基地建设的指导意见》（发改办环资〔2017〕1778号）	国家发展改革委办公厅、财政部办公厅、住房城乡建设部办公厅	资源循环利用基地是……建筑垃圾……等城市废弃物进行分类利用和集中处置的场所。基地与城市垃圾清运和再生资源回收系统对接，将再生资源以原料或半成品形式在无害化前提下加工利用，将末端废物进行协同处置，实现城市发展与生态环境和谐共生	建筑垃圾处置纳入循环基地建设范畴，对项目立项、建设具有非常积极的意义
《关于开展建筑垃圾治理试点工作的通知》（建城函〔2018〕65号）	住房城乡建设部	从加强规划引导、开展存量治理、加快设施建设、推动资源化利用、建立长效机制、完善相关制度几个方面提出了试点任务。确定北京、上海、深圳等35个城市开展试点工作	有力推动试点建筑垃圾资源化产业的起步和发展
《关于印发〈"无废城市"建设试点工作方案〉的通知》（国办发〔2018〕128号）	国务院办公厅	明确规划期内城市基础设施保障能力需求，将生活垃圾、城镇污水污泥、建筑垃圾……等固体废物分手收集和无害化处理设施纳入城市基础设施和公共设施范围，保障设施用地	将建筑垃圾处理纳入更高的无废城市建设范畴，对生态文明提升、美丽中国建设有了更加重要的意义
《关于推进大宗固体废弃物综合利用产业集聚发展的通知》（发改办环资〔2019〕44号）	国家发展和改革委员会、工业和信息化部	到2020年，建设50个大宗固体废弃物综合利用基地、50个工业资源综合利用基地，基地废弃物综合利用率达到75%以上。重点任务包括"积极推动建筑垃圾精细化分类及分质利用，推动建筑垃圾生产再生骨料等建材制品、筑路材料和回填利用，推广成分复杂的建筑垃圾资源化成套工业及装备的应用，完善收集、运输、分拣和再利用的一体化回收系统"	建筑垃圾资源化产业纳入重点任务内容，在综合利用率目标的要求下，利于促进产业技术提升
《关于印发〈绿色产业指导目录（2019年版）〉的通知》（发改环资〔2019〕293号）	国家发展改革委等七部委	建筑废弃物、道路废弃物资源化无害化利用装备制造列入资源化循环利用装备制造目录	建筑垃圾资源化设备制造列入绿色产业指导目录，为设备生产企业提供了支持

名称	发文部门	有关内容	对建筑资源化产业的意义
《产业结构调整指导目录（2019年本）》（2019年第29号令）	国家发展改革委	建筑垃圾处理和再利用工艺技术装备（处理量100t/h以上）列入鼓励类产业目录	对建筑垃圾资源化产业在调整后的产业结构中的地位予以明确
《关于促进砂石行业健康有序发展的指导意见》	国家发展改革委等十五部委	鼓励利用建筑拆除垃圾等固废资源生产砂石替代材料，清理不合理的区域限制措施，增加再生砂石供给	从利用端打通建筑垃圾再生骨料的出路，利于推动产业发展
《关于推进建筑垃圾减量化的指导意见》（建质〔2020〕46号）	住房和城乡建设部	包括建筑垃圾减量化的总体要求、基本原则、工作目标及主要措施等内容	减量化是最节约资源、保护环境的重要举措。是资源化全产业链的重要一环
《关于印发〈绿色债券支持项目目录（2020年版）〉的通知（征求意见稿）》	中国人民银行、国家发展和改革委员会、中国证券监督管理委员会	将"利用建筑、道路拆除，维修废弃物混杂料、废旧沥青、砂灰粉等材料生产道路、市政设施原材料，再生利用建筑、道路废弃物的移动式、固定式，以及移动式和固定式相结合的废弃物综合利用成套设备制造及贸易活动"纳入支持目录	对建筑资源化及设备制造企业进入债券市场提供了通道
《关于政府采购支持绿色建材促进建筑品质提升试点工作的通知》（财库〔2020〕31号）	财政部、住房和城乡建设部	在形成绿色建筑和绿色建材政府采购需求标准、加强工程涉及管理、落实绿色建材采购要求、等方面规定了试点内容	为试点城市的再生建材在政府采购中的落实打开了通道，并为其他地区提供借鉴
国民经济和社会发展第十四个五年规划和2035年远景目标纲要	中华人民共和国	第五章　提升企业技术创新能力 ……拓展优化首台（套）重大技术装备保险补偿和激励政策…… 第八章　深入实施制造强国战略 坚持自主可控、安全高效，推进产业基础高级化、产业链现代化，保持制造业比重基本稳定，增强制造业竞争优势，推动制造业高质量发展。 ……实施重大技术装备攻关工程，完善激励和风险补偿机制，推动首台（套）装备、首批次材料、首版次软件示范应用…… 第三十八章　持续改善环境质量 深入打好污染防治攻坚战，建立健全环境治理体系，推进精准、科学、依法、系统治污 构建集污水、垃圾、固废、危废、医废处理处置设施和监测监管能力于一体的环境基础设施体系，形成由城市向建制镇和乡村延伸覆盖的环境基础设施网络…… ……全面整治固体废物非法堆存，提升危险废弃物监管和风险防范能力…… 第三十九章　加快发展方式绿色转型 ……强化绿色发展的法律和政策保障。实施有利于节能环保和资源综合利用的税收政策。大力发展绿色金融。健全自然资源有偿使用制度，创新完善自然资源、污水垃圾处理、用水用能等领域价格形成机制。 ……	强化装备制造，对推动建筑垃圾国外核心技术装备的国产化比较利好； 加强环境治理、落实资源综合利用优惠政策和完善形成垃圾处理价格机制，对建筑垃圾资源化利用明显利好；从装备制造和资源化利用优惠政策两方面，推动建筑垃圾资源化产业规模化、规范化发展

续表

名称	发文部门	有关内容	对建筑资源化产业的意义
"十四五"大宗固体废弃物综合利用的指导意见	国家发展和改革委员会	（十）建筑垃圾。加强建筑垃圾分类处理和回收利用，规范建筑垃圾堆存、中转和资源化利用场所建设和运营，推动建筑垃圾综合利用产品应用。鼓励建筑垃圾再生骨料及制品在建筑工程和道路工程中的应用，以及将建筑垃圾用于土方平衡、林业用土、环境治理、烧结制品及回填等，不断提高利用质量、扩大资源化利用规模。 （十九）骨干企业示范引领行动。在……建筑垃圾、农作物秸秆等大宗固废综合利用领域，培育50家具有较强上下游产业带动能力、掌握核心技术、市场占有率高的综合利用骨干企业。支持骨干企业开展高效、高质、高值大宗固废综合利用示范项目建设，形成可复制、可推广的实施范例，发挥带动引领作用	综合利用骨干企业的建设，对行业龙头企业产生，形成可复制、可推广的实施范例具有积极的作用

总的来看，党的十八大以来，随着中央政府的逐步重视中央政府各主管部门密集出台行业利好政策，行业前景越来越明朗，建筑垃圾规范化资源化利用进入实质推进阶段。

2018至2019年，住房和城乡建设部在北京市等35个城市（区）开展了全国建筑垃圾治理试点工作，明确要求加强建筑垃圾全过程管理，提升城市发展质量。国家发展和改革委员会也开展了资源循环利用基地建设工作，工业和信息化部开展了国家工业资源综合利用先进适用技术装备目录遴选和符合《建筑垃圾资源化利用行业规范条件》企业评审等工作。

党和政府工作报告中也多次提到要加强固体废弃物和城市垃圾分类处置。2020年政府工作报告提出，提高生态环境治理成效，加强垃圾处置设施建设。《中共中央国务院关于进一步加强城市规划建设管理工作的若干意见》明确提出"完善激励机制和政策，力争用5年左右时间，基本建立餐厨废弃物和建筑垃圾回收和再生利用体系"的要求。

2021年3月，国家发展改革委等10部门联合发布《关于"十四五"大宗固体废弃物综合利用的指导意见》提出，到2025年，煤矸石……建筑垃圾、农作物秸秆等大宗固废的综合利用能力显著提升，利用规模不断扩大，新增大宗固废综合利用率达到60%，存量大宗固废有序减少。大宗固废综合利用水平不断提高，综合利用产业体系不断完善；关键瓶颈技术取得突破，大宗固废综合利用技术创新体系逐步建立；政策法规、标准和统计体系逐步健全，大宗固废综合利用制度基本完善；产业间融合共生、区域间协同发展模式不断创新；集约高效的产业基地和骨干企业示范引领作用显著增强，大宗固废综合利用产业高质量发展新格局基本形成。

3.1.3 地方层面法规政策

随着国家层面政策逐渐清晰，各地纷纷出台建筑垃圾相关管理办法甚至条例，各地的政策与制度设计呈现明显的地区特色，成为地方开展工作的重要抓手。截至 2020 年 5 月，17 个省级行政区出台了建筑垃圾管理与资源化相关指导意见或管理办法，189 个地级行政区制定了规章制度，其中 18 个地级行政区更是出台了地方条例，全国约 1/3 的地区规定建筑垃圾要进行资源化利用，如表 3.1.3 所示。2018～2019 年，5 个省级行政区出台了建筑垃圾相关利好政策 9 项，24 个地级行政区新制定了利好政策 31 项。新出台的指导意见、管理办法和条例均对建筑垃圾资源化利用作了明确要求。

全国省、市、区（不含港澳台）建筑垃圾管理制度统计 表 3.1.3

层级	总数	规章制度		人大立法		明确资源化利用	
		数量	比例	数量	比例	数量	比例
省级行政区	31	17	54.84%	—	—	14	45.16%
地级行政区	333	189	56.75%	18	5.4%	103	30.93%

建筑垃圾资源化利用不是一个孤立的再生建材生产过程，包括产生、储存、运输、处理、再生产品生产与利用等环节，要切实推动产业发展，需要全过程政策的支持，目前部分城市在全产业链政策支撑区域完善。

1. 北京

（1）地方立法情况

2011 年，北京市政府办公厅印发了《关于全面推进建筑垃圾综合管理循环利用工作的意见》（京政办发〔2011〕31 号），提出"建筑垃圾源头减量化、运输规范化、处置资源化、利用规模化"的工作思路，各部门、各区政府依据该文件在北京市全面推进建筑垃圾管理工作。

2012 年，《北京市生活垃圾管理条例》发布实施，将建筑垃圾视为生活垃圾管理，在法律法规上明确要求相关行业主管部门制定建筑垃圾再生产品质量标准，支持建筑垃圾再生产品的生产企业发展。法定建设单位、施工单位建筑垃圾减排处理要求和集中分类管理规定。

2020 年，《北京市建筑垃圾处置管理规定》（北京市人民政府令〔2020〕293 号），对建筑垃圾资源化全过程中行政部门职责、各环节主体责任、运输管理、再生产品应用等方面都做了规定，并规定对随意倾倒、抛撒或者堆放建筑垃圾的，对单位处 10 万元以上100 万元以下的高额罚款。

（2）产生阶段

发布了《关于建筑垃圾运输处置费用单独列项计价的通知》（京建法〔2017〕27 号），文件规定各类建筑工程、各项施工环节的建筑垃圾产生量计算规则、运输处置费用计算数量标准，要求建设单位在施工发包前根据规定编制建设工程弃土（石）运输处置方案并组织专家论证通过。将建筑垃圾运输处置费用在工程造价中单独列项计价，全面解决运输处置费用概算投资计算不足、建筑施工垃圾产生量计算不准等问题，也通过该文件的实施倒逼工程建设单位减少建筑垃圾产生量和外运量。

先后发布了京建法〔2018〕5 号、京建法〔2018〕10 号等相关文件，将建筑垃圾消纳许可、运输企业经营许可和车辆准运许可作为施工安全检查和拆除工程备案的告知条件，建筑垃圾消纳许可办理量大幅度增长，使审批环节形成闭环。要求施工单位在工程施工前要专门制定建筑垃圾治理工作方案和土石方清运处置方案，并要求土石方外运方案取得专家论证。建立"进门查证、出门查车"管理制度，并明确了建设单位和施工单位在落实该制度中应发挥的责任。

北京市住房城乡建设委、城市管理委、规划自然资源委先后发布了《关于进一步加强建筑废弃物资源化综合利用工作的意见》（京建法〔2018〕7号）、《关于积存拆除垃圾清理提高建筑垃圾处置能力的函》（京管函〔2018〕217号）、《关于落实"场清地净"销账标准严格拆违建筑垃圾处理有关工作事项的通知》（专指办发〔2019〕21号）。先后实施项目拆除和资源化处置一体化管理，将拆工程拆除及处置工作同时指定到资源化处置企业或合作体实施，让处置企业能够提前进入拆除现场，确保科学拆除，提高资源化率。

（3）运输管理

发布了《关于进一步加强渣土运输规范管理工作方案》（京管函〔2018〕157号），在开展联合执法工作的同时，充分利用技术手段加强全过程管控。平台监管，北京市发布了《建筑垃圾运输车辆标识、监控和密闭技术要求》DB11/T 1077-2020，建筑垃圾运输车辆均具备轨迹监控、举升定位、标识统一等功能，并进入车辆监控平台；工地和处置场所实施技防监控，推进在施工现场和消纳处置场所加强车牌识别装置，自动识别记录车辆进出工地信息和消纳处置场所信息，对违规行为自动报警；末端核量，将末端核量情况作为对各区建筑垃圾管理考核评价内容，要求各区加强行政许可事后监管，确保消纳许可申报量与末端处置场所进场量相吻合，每月由市环管中心对末端核量情况进行随机抽查，发现问题通报各区整改；运输企业积分管理和定期评估，印发了《北京市建筑垃圾运输企业监督管理办法（试行）》，对运输企业实施年度积分管理和定期评估。企业被扣满60分实施停业整顿，扣满120分根据实际情况撤销经营许可；运输专项整治，全市组织开展渣土车专项整治工作，建立区领导带队、联合执法、联合惩处、案件处理和考核评价等工作机制。

（4）处置阶段

发布了《固定式建筑垃圾资源化处置设施建设导则》，对设施规模构成、厂址选择、工艺与设备等内容作出规定，为规范建筑垃圾资源化处置设施建设，提高项目建设水平起到了积极作用。目前正在制定《建筑垃圾消纳场设置标准》，对场地建设、点位管理等内容进行规定，为消纳场的监督管理提供依据。

2018年以前，建筑垃圾处置费用为30元/吨，运输费用为6公里以内6元每吨，6公里以外1元/（吨·公里）。2018年上半年，市发改委发布了《关于加强建筑垃圾资源化利用的通知》（京发改发〔2018〕788号），将建筑垃圾现场资源化处置价格调整为45元/吨。在新建、扩建和改建和项目拆除工程中，处置费用在工程造价中单独列项计价，计价要求作为建筑垃圾消纳许可的审查条件，确保费用落地。在疏解整治促提升和拆违专项任务中，市发改委明确各区将建筑垃圾处置费用纳入疏解整治促提升专项经费中，予以支持拆违建筑垃圾处置工作。

（5）再生产品推广

北京市发改委、住建委、城市管理委、交通委、园林绿化局等先后发布了《关于印发推进大型政府投资项目使用建筑垃圾再生产品意见的通知》《关于调整建筑废弃物再生产品种类及应用工程部位的通知》《北京市建筑垃圾分类消纳管理办法（暂行）》《关于建筑废弃物资源化再生材料在公路工程中应用实施意见的通知》《关于在"留白增绿"绿化工程建设中综合利用建筑垃圾的指导意见》一系列政策支持文件。先后建立再生产品应用工程替代使用名录、再生产品种类和适用标准，明确政府投资工程使用再生产品替代使用比例不低于10%，提出政府投资的绿化项目使用再生产品比例不低于500吨/亩，给予临时性建筑垃圾资源化处置设施工商营业执照增项，享受退税政策，搭建了再生产品推广应用和信息登记平台，确保建筑垃圾再生产品销售畅通。

2. 深圳

（1）地方立法情况

2009年颁布实施《深圳市建筑废弃物减排与利用条例》，实行建筑垃圾运输联单管理、建筑垃圾回收利用产品推广使用等制度。

2014年颁布实施《深圳市建筑废弃物运输与处置管理办法》，2020年修订更名为《深圳市建筑废弃物管理办法》（市政府第260号令），对建筑垃圾排放、运输、消纳、监督等管理及法律责任作了规定。

（2）产生阶段

发布了《建设工程建筑废弃物排放限额标准》《建设工程建筑废弃物减排与综合利用技术标准》，在国内首次明确了各类建设工程的建筑废弃物排放限额、减排与综合利用的设计和验收要求，指导规划阶段、工程设计阶段建筑废弃物减排和综合利用工作，将减排落实到源头。同时，《深圳市建筑设计规则》明确"半地下层停车库顶板上方或首层停车场（层高不超过4m）顶板上方，提供作露天公共绿化或公众休闲活动场地的部分，其水平投影面积可不纳入建筑覆盖率的建筑基底面积计算"，鼓励采用半地下停车场、首层停车场，有效减少地下室开挖的土方量；发布《关于加强竖向规划设计管理减少余泥渣土排放的通知》《关于提高河道综合整治工程设计成果质量要求的通知》《公园和绿地建设项目设计方案审查要点及施工图审核程序指引（试行）》等有关文件，鼓励根据周边市政道路标高和场地地形地貌，合理确定场地标高；在建设工程规划编制和项目设计过程中，加强城市竖向规划标高的研究、管理和审查工作。

施工环节，通过《装配式建筑发展专项规划（2018-2020）》《关于加快推进装配式建筑的通知》《关于做好装配式建筑项目实施有关工作的通知》《深圳市装配式建筑产业基地管理办法》等政策文件，推动装配式建造方式从公共住房向新建居住建筑、公共建筑及市政基础设施的广覆盖，居住建筑和5万平方米以上公共建筑、产业研发用房全面实施装配式建筑，逐年提高装配式建筑占新建建筑的比例，并发挥示范项目以点带面促进装配式建筑的技术创新；同时推动BIM技术发展，通过信息化手段指导施工，减少现场签证及工程变更，避免返工带来的建筑废弃物产生和排放。

拆除环节，《深圳市房屋拆除工程管理办法》明确规定拆除工程涉及的备案、作业和综合利用管理要求。实行房屋拆除、建筑废弃物综合利用及清运一体化管理，明确拆除工程承包单位应当具有相应施工资质及建筑废弃物综合利用能力，不具备建筑废弃物综合利用能力的施工企业，应与具备建筑废弃物综合利用能力的企业组成联合体承接拆除工程。同时，明确规定拆除工程开工前，拆除申请人应当取得相关主管部门出具的有关房屋拆除文件或拆除决定书，并向区（含新区，下同）住房城乡建设部门申请拆除施工和建筑废弃物综合利用备案，未经备案，不得实施拆除作业。

2020 年 12 月，深圳市住房和建设局发布了《深圳市拆除废弃物分类收集及处置技术指引》，用以指导和规范拆除工程现场拆除废弃物的分类收集工作，提高建筑废弃物精细化管理水平，保障建筑废弃物综合利用产品质量。

（3）运输管理

利用信息化手段跟踪建筑废弃物运输流向。运输车全部搭载双通道 GPS 通信系统以及建筑废弃物智慧监管系统，实时采集全市建设工程的建筑废弃物排放情况、运输车辆行驶轨迹、处置场所受纳情况等信息两点一线全过程实时监控和电子联单管理。

（4）处置阶段

深圳建筑垃圾处置实行许可制度，设立受纳场所的需要向城管部门申请办理建筑垃圾受纳许可证。鼓励投资兴办建筑垃圾回收利用企业。在建筑垃圾受纳场所从事建筑垃圾回收利用的企业，由市主管部门招标确定。政府鼓励建筑垃圾资源化新技术、新装备、新产品的研发，并在财政上给予资金支持。在建筑垃圾资源化处置设施建设方面，一方面提出建设要求，另一方面给予财政政策优惠。

在处置费政策方面，根据《深圳市建筑工程消耗量定额（2016）》，工程项目的土石方处置费用包括土石方运输费和弃置费两个方面。其中，土石方运输费属建安工程费中的分部 分项工程费，《新型全密闭式智能泥头车土石方运输子目（试行）》中有相应子目可计算综合单价。如，土方运输使用运载 量 15 吨以内的泥头车，1 公里以内 12 元/方，运距每增加 1 公里则增加 1.5 元。土石方弃置费属工程建设其他费用，实行市场定价，通常以实际情况约定合同。

2020 年 12 月，深圳市住房和建设局发布《深圳市建筑废弃物综合利用企业安全生产指引》，用以规范和指导建筑废弃物综合利用企业的安全生产，保障企业员工在生产经营过程中的安全与健康，预防和减少生产安全事故。同时发布了《深圳市拆除废弃物分类收集及处置技术指引》。

（5）再生产品推广

2010 年发布《关于在政府投资工程中率先使用绿色再生建材产品的通知》（深建字〔2010〕126 号），明确北环大道改造工程、南方科技大学校区、深圳 T3 航站楼等 14 个项目作为首批试点项目，率先在人行道板、路基垫层、管井、管沟、永久土坡护面、砖胎膜、基础垫层、砌筑型围墙、广场、室外绿化停车场等工程部位全面使用绿色再生建材产品。鼓励所有政府投资工程以及市容环境提升项目、城市更新项目，在技术指标符合设计要求的前提下，使用绿色再生建材产品。2012 年，发布《关于进一步加强建筑废弃物减排与利用工作的通知》（深府办函〔2012〕130 号），要求政府工程所有在建工程项目在技术指标符合设计要求及满足使用功能的前提下均应当全面使用再生建材产品，鼓励社会投资项目优先使用绿色再生建材产品。2016 年 12 月，印发《关于公布我市再生建材产品适用工程部位目录及综合利用企业信息名录的通知》（深建科工〔2016〕53 号，于 2018 年 5 月更新完善），进一步为再生建材产品推广及适用部位提供政策支撑。

3. 许昌

（1）地方立法

《许昌市城市建筑垃圾管理条例》（以下简称《管理条例》）于 2021 年 6 月 1 日实施。《管理条例》贯彻新固废法精神，明确了政府及有关部门职责，对建筑垃圾处理的各个环节进行规范，为加快推进建筑垃圾治理试点城市和"无废城市"试点城市创建工作提供有力的法治保障。

（2）产生阶段

要求"产生建筑垃圾的建设、施工单位和个人，应在工程动工 5 日前向市城市管理局申报建筑垃圾处置计划，如实填报建筑垃圾的种类、数量，签订环境卫生责任书为保证建筑垃圾有序清运、充分处置"。《许昌市城市建筑垃圾管理实施细则》指出产生建筑垃圾的单位和个人应在开工前向建筑垃圾行政主管部门提出处置申请，申报需要处置的建筑垃圾数量，签订《卫生责任书》。办理施工许可证的工程建设项目，应持有建筑垃圾处置核准手续。任何单位和个人不得将建筑垃圾混入生活垃圾，不得将危险废物混入建筑垃圾，不得擅自设立弃置场受纳建筑垃圾。所有产生的建筑垃圾必须倾倒在建筑垃圾行政主管部门指定的处置场所。对违反管理办法和实施细则的单位或个人规定了具体的罚则。

产生建筑垃圾的单位和个人要到市城管部门申请办理《建筑垃圾运输许可证》和《城市建筑垃圾处置许可证》，由清运企业统一运输建筑垃圾到处置场地。

（3）运输管理

许昌市的建筑垃圾清运实行特许经营模式。《许昌市施工工地建筑材料建筑垃圾管理办法》明确了对运输车辆、运输过程的具体要求。《许昌市城市建筑垃圾管理实施细则》对运输遗撒、随意丢弃等行为规定了具体的罚则。在运输监管中建立执法联动机制，由市政府牵头，适时组织城管、公安、住建、交通、公路等部门开展联合执法。并完善督查考核、奖惩问责机制。

（4）处置阶段

许昌市建筑垃圾再生处置采取特许经营模式，特许企业负责城区内的建筑垃圾再生处置，再生技术的研发主要依靠特许经营企业承担。许昌市《建筑垃圾综合利用工作实施意见》指出鼓励科技创新。鼓励高校、科研机构及企业研究开发建筑垃圾综合利用的新技术、新工艺、新设备，积极引进国外先进、成熟的建筑垃圾综合利用技术与设备，不断提高建筑垃圾综合利用的技术水平和产业化水平。建筑垃圾综合利用企业要积极应对市场需求，加大产品研发和设备改造力度，扩展建筑垃圾制取新型建材的品种、规格。2011 年 3 月发布的《许昌市城市建筑垃圾管理实施细则》规定建筑垃圾的处置实行收费制度，收费标准依据许昌市物价部门核定标准执行，任何单位和个人不得擅自减免。

（5）再生产品推广

《关于做好建筑垃圾综合利用工作的意见》提出综合利用财政、税收、投资等经济杠杆支持建筑垃圾的综合利用。将建筑垃圾再生产品纳入政府采购范围，凡是政府投资建设的项目，必须全部使用建筑垃圾再生产品，并将其作为结算和资金拨付的依据之一。对没有按照设计要求利用建筑垃圾再生产品的各类工程，不得进行竣工备案验收。

3.2 技术体系

3.2.1 再生处理工艺与设备

1. 再生处理设施

近年来，建筑垃圾井喷式的产生，及国家对环境保护、资源节约等方面的要求提高，建筑垃圾再生处理需求大幅增加，多样化的再生处理设施建设应运而生。建筑垃圾再生处理设施有固定和临时之分。固定设施是固定终端模式，是将建筑垃圾集中到固定的场所进行再生处理，设施设计使用年限不小于10年，一般为通过正式立项，土地性质为工业用地，且符合当地有关规划要求。临时设施是现场处理模式，是一种分散的再生处理，在规划、用地、立项等手续上比较灵活，有移动式和半固定式之分。各种设施的特点、对比分别见表3.2.1-1、表3.2.1-2和图3.2.1-1。

设施特点 表 3.2.1-1

设施类型		特点
固定设施		工艺环节完备、审批流程长、建设周期长、投资规模大、占地面积大、环保水平高，可作为城市基础配套设施，一般配套资源化利用产品生产线
临时设施	移动式	工艺环节简单、建设周期短、转场灵活，环保水平受限，便于分散、就地集中处置
	半固定式	工艺环节完备、建设周期较短、环保水平较高、建设规模较大，便于就地集中大量处置

设施对比 表 3.2.1-2

项目	固定设施	临时设施	
		移动式	半固定式
年限	不小于10年	—	3~5年
能力	大、中	中、小	大、中、小
建设周期	长	短	较长
占地	大	小	较大
投资	高	低、中	低、中
原料要求	长期料源	相对集中料源	相对集中大量料源
工艺要求	一般多级破碎、较复杂	一般为单级破碎、较简单	一般多级破碎、较复杂
设备	多国产、固定设备，自行匹配	多进口、移动设备，成套	多国产、固定设备，自行匹配
厂房	一般建设生产车间	可进行野外作业	一般生产单元封闭
噪声	可通过基础下沉、封闭降噪	噪声较大	可通过基础下沉、单元封闭隔音
粉尘	在密闭车间内控制	配制喷淋设备抑尘	单元封闭及喷淋设备抑尘

建筑垃圾资源化固定设施

建筑垃圾资源化临时设施　　　　　　建筑垃圾资源化临时设施
（移动式，移动设备）　　　　　　　（半固定式，固定设备）

图 3.2.1-1　建筑垃圾资源化设施图

2. 再生处理工艺与设备概况

建筑垃圾再生处理生产线包括入料、除土、破碎、筛分、分选除杂、输送等系统，结合原料特点和骨料品质要求可增设骨料整形强化系统和再生微粉制备等系统，另外还包括降尘、降噪、废水处理（湿法时）等环保辅助系统。各系统能力要相互协调并与设计处置能力相匹配。

对破碎筛分系统，要根据建筑垃圾原料特性与资源化利用产品对再生骨料的性能要求，合理制定其工艺组合，满足处理产能与效率、骨料粒度与粒形、平稳可靠、节能环保、安全、易维护检修等要求；预期处理的建筑垃圾中细料或杂料较多时可设置预筛分工艺，设备多选择重型筛分机；一级破碎可采用颚式破碎或反击式破碎，二级破碎可采用反击式破碎或锤式破碎。对固定式设施及采用固定设备的临时设施，其破碎筛分多在两级以上，同时为获得更高品质的再生骨料，可设置骨料整形强化工艺，骨料整形强化一般通过骨料表面水泥砂浆的磨剥及表面微粉去除等实现。采用移动设备的设施，一般采用一破一筛或一破两筛（预筛＋一筛）的破碎筛分工艺组合。

分选除杂系统是建筑垃圾再生处理工艺区别于普通机制砂石生产的主要部分，对杂物的去除效果直接关系到再生骨料的洁净程度，影响再生骨料品质。分选工艺有机械分选和人工分选之分，机械分选又包括磁选、风选、水力浮选等。由于建筑垃圾中存在渣土、废金属、轻质杂物、废木块、废轻型墙体材料等众多杂物，且不同地区、不同来源的建筑垃圾，其杂物成分不同、含量不同，因此分选除杂工艺设计要有区别，总体来看分选以机械分选为主、人工分选为辅，根据原料纯净程度和对再生骨料的品质要求设置不同的分选工艺组合。人工分选一般设置在一级破碎前后，主要针对不规则性状的织物、废橡胶、生活垃圾、木材等易于挑出的大块杂物和少量金属以及机械手段难以选出的杂物，多建设封闭式悬空车间，有人工分选平台，输送机运行带速可调且不宜高于 0.5m/s，并需要配备分类集装和漏送系统、安全与卫生防护措施。金属的除杂工艺相对成熟，一般设置在逐级破碎之后，废钢材采用磁选，对装修垃圾可能存在的有色金属采用涡电流分选。相比金属分选相对成熟的工艺，轻质物的分选对应的设备和工艺相对比较复杂，特别是基于国内前端分类不足的前提下，处理难度更大，对后端产品的影响也更大，从大的方面轻质物分选可以分为干式风选和湿式水力浮选，都是利用物料之间的比重差异进行分选。风选利用风选机的气流完成对轻物料的分离，处理能力大，除杂效率高，风选有正压鼓吹、负压风和正负结合之分，正压适合处理初破之后的粒径范围较大的粒料，负压适用于处理线的后段完成对物料的补充检查性除杂。水力浮选以水为浮选介质，能对建筑垃圾中的轻物质实现较好的分选，是一种比较经济的分选设备，可选出干法分选不出的轻质物料如加气块、较重的木料，需要配备水循环系统。采用固定设备的处理线，比较容易实现更多的分选工艺组合，特别是水力浮选，在水资源比较丰富的地区是一个不错的选择。

再生微粉来源于处理线上随着再生微粉作为水泥混合材、混凝土和砂浆用掺合料的研究不断深入，再生微粉的粉磨也成为建筑垃圾再生处理的一个工艺选择（图 3.2.1-2）。

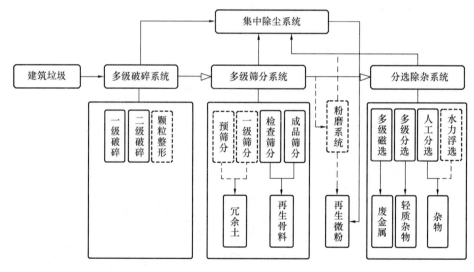

图 3.2.1-2　建筑垃圾再生处理工艺系统

3. 再生处理工艺与设备的发展

近年来建筑垃圾再生处理工艺与设备的发展呈现出以下特点：

1）筛分及人工分选前移，一级筛分设置在一级破碎前（即预筛分），兼具有给料、除土和分级功能；同时在预筛分后设置人工分选平台。一方面将原料中土及一定粒度以下的粒料提前筛出，不再进入后续工艺，提高生产效率；另一方面将进入后续环节的原料摊铺，便于人工分选挑出大块轻质杂物，减少进入后续环节的杂物量，在提高破碎效率的同时，有更高的分选效率。

2）分选工艺与设备一直在进步。随着天然骨料市场的供给短缺及价格上涨，再生骨料的应用领域不断扩大，推广应用不断深入，骨料品质提升越来越受到重视。基于高品质再生骨料杂物含量的控制要求，分选工艺环节的设置与设备能力一直在不断进步，既要选的干净，又要参数可控。

3）环保措施多样化。厂房封闭、单元封闭、预湿、喷淋、喷雾、洒水等多样化的抑尘、降尘措施，已基本能满足不同生产模式下的粉尘控制需求。

4）国产固定式核心设备和移动式设备并驾齐驱。移动设备仍以进口为主，成套设备价格较高，国产移动设备正逐步发展成熟。

3.2.2　再生产品

主要再生产品及应用领域有：

1. 再生材料

1）再生骨料，其一，替代普通骨料用于混凝土、砂浆及其各类制品的生产；其二，替代普通骨料用于路用无机混合料的生产；其三，直接工程应用，其应用领域包括道路垫层、路床、工程回填、海绵城市建设等。

2）再生微粉，作为微集料或低活性混合材料用于水泥、混凝土、砂浆及各类制品的生产。在粉煤灰短缺的部分地区，已有量化的生产与应用。

3）冗余土，主要用于工程回填或堆山造景。其中绿化回填用较普通回填用的冗余土有机质含量可以有更宽松的要求。随着城镇化建设的推进，近年来拆除越来越向城市外围甚至农村扩展，拆除垃圾中细颗粒甚至土的比例占比很大，经过除土工艺产生的筛下料即冗余土越来越多，其出路已成为影响建筑资源化率的重要问题。将其作为工程回填或堆山造景用原料是有效的利用途径。

2. 资源化利用产品

1）再生混凝土。再生混凝土的研究与应用已开展多年。近年来，随着天然砂石的价格飞涨，废混凝土再生骨料在混凝土中的应用已经普遍推广，应用混凝土的等级和结构类型也在不断扩展，在中低强度混凝土的应用技术趋于成熟，用于承重结构的工程并不少见。

2）再生砂浆。再生砂浆的研究与应用已开展多年。含有一定比例微粉的再生细骨料制备普通砂浆技术趋于成熟，在多地都有生产与应用实践。

3）再生混凝土制品。可分为砌筑用和铺装用两大类。砌筑用制品覆盖砖、砌块、板材墙材体系中不同规格尺寸的产品，也有实心、多孔与空心等不同的孔洞率之分。铺装用制品主要有路面砖、透水砖、植草砖和路缘石等。在建筑工程、市政与道路工程、园林工程、水利工程及地下管廊等多领域的应用越来越多。

4）路用无机混合料。再生无机混合料的研究与应用已开展多年。废混凝土再生骨料应用于无机混合料生产已为社会普遍接受。由于砖类骨料的软质、抗变形能力较差，在现行的设计体系下，砖类再生骨料在较高等级的道路基层中应用仍然困难。

5）其他。流态回填料，利用冗余土或再生骨料制备的流态材料，可用于地基回填、沟槽回填等工程；水处理填料，生物改性处理后的再生骨料，在人工湿地、污水处理等工程中，对水质进行净化处理；烧结制品，利用开挖渣土烧结新型建材。以上再生产品在个别地区已有生产与应用实践。

3.2.3　专利技术

2015～2018 年，有关建筑垃圾专利的申请快速增加，从 600 余项到 1800 余项，2019 年略有回落，但仍近 1500 项，可以看出建筑垃圾资源化已成为研究领域的热点，历年专利申请数量及专利类型分析见图 3.2.3-1、图 3.2.3-2。

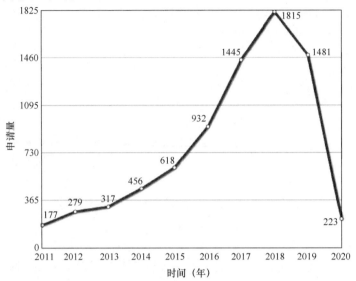

图 3.2.3-1　近十年建筑垃圾相关专利申请量

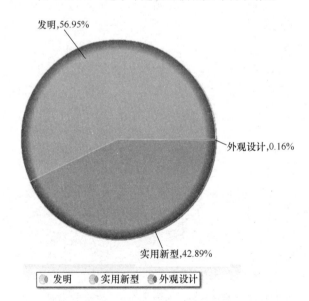

图 3.2.3-2　建筑垃圾相关专利类型统计

（图 3.2.3-1、图 3.2.3-2 数据来源：国家知识产权局）

3.2.4　国家级科研

2017 年，建筑垃圾资源化首次作为独立项目列入国家重点研发计划，连续四年均有项目立项；2018 年，两项建筑垃圾资源化领域的项目获得国家科技进步二等奖，可以看出国家对建筑垃圾资源化行业在科技方面的重视和支持（表 3.2.4-1、表 3.2.4-2）。

国家级科研项目 表 3.2.4-1

序号	项目名称	立项年度	专项类别
1	建筑垃圾资源化全产业链高效利用关键技术研究与应用	2017	绿色建筑及建筑工业化
2	建筑垃圾精准管控技术与示范	2018	绿色建筑及建筑工业化
3	城镇建筑垃圾智能精细分选与升级利用技术	2019	固废
4	废弃混凝土砂粉再生利用关键技术	2020	固废

国家级科研奖励 表 3.2.4-2

编号	项目名称	主要完成人	主要完成单位
J-214-2-03	建筑固体废物资源化共性关键技术及产业化应用	肖建庄，陈家珑，李秋义，李如燕，李福安，韩先福，杨安民，孙振平，王以峰，李飞	同济大学，北京建筑大学，青岛理工大学，北京联绿技术集团有限公司，昆明理工大学，上海山美重型矿山机械股份有限公司，许昌金科资源再生股份有限公司
J-221-2-02	废旧混凝土再生利用关键技术及工程	吴波，陈宗平，王龙，赵霄龙，赵新宇，刘琼祥，周文娟，薛建阳，王军，杨英健	华南理工大学，北京建筑大学，中国建筑科学研究院有限公司，广州建筑股份有限公司，广西大学，深圳市建筑设计研究总院有限公司，中建西部建设股份有限公司

第4章 国内外标准化现状

4.1 国外标准现状

国外发达国家建筑垃圾资源化技术研究较早，建筑垃圾回收再利用标准体系建立较为完善，并有完善的法律法规和相关标准保证其顺利实施。本部分针对建筑垃圾资源化水平较高的国家及地区，如欧洲、日本、美国等纷纷开展建筑垃圾资源化有关标准调研，分析标准技术内容，研究标准化发展进程及标准化工作对建筑垃圾资源化的推动作用，为国内建筑垃圾资源化标准体系构建提供参考。

4.1.1 欧洲

欧洲国家由于自身国土面积相对狭小，自然资源有限，十分注重资源的再生循环利用。北欧在1989年就实施了统一的环境标准，成立了专门的技术研究机构。现行的欧盟标准《混凝土骨料》EN 12620：2002中将回收再生作为骨料的来源之一，并明确规定"再生骨料"的定义为"通过加工处理已在建设施工中使用过的无机材料获得的骨料"。该标准对再生骨料与其他骨料的相关技术指标统一规定。据悉，欧盟标准化委员会（CEN）已经计划制定针对再生骨料的欧盟（EN）标准。

（1）德国

德国是最早开展循环经济立法的国家。"二战"结束后德国为满足大规模建设对建材的需求，开始着力于建筑垃圾的循环利用。德国有关学会制定了一系列关于建筑垃圾回收与再生利用的指导、规定和标准，从建筑技术的角度对混凝土中使用再生骨料的规定。在德国，有关混凝土回收骨料的标准主要有德国工业标准1045-2、4226-100。根据德国工业标准4226-100，回收骨料包含混凝土垃圾、建筑碎块、砌砖碎块和混合碎块等4种类型（表4.1.1-1、表4.1.1-2）；对这4种类型的建筑垃圾再生骨料的成分作出了明确规定，对再生骨料的密度和吸水率作出了要求；该标准作为专门针对再生骨料的技术标准，其科学性和先进性在世界范围内获得广泛认可，已成为欧盟标准化委员会（CEN）制定其他再生骨料相关欧盟标准的主要参考标准。另外还有 RAL-RG 501/1 公路再生材料标准（1999年8月）；RAL-RG 501/2 受污染土壤、建筑材料和矿物材料再利用加工标准（1998年2月）；RAL-RG 501/3 垃圾焚烧灰渣标准（1996年1月）；RAL-RG 501/4 限定的无污染泥土再利用处理标准（1998年5月）。德国钢筋委员会1998年8月提出了《在混凝土中采用再生骨料的应用指南》。德国政府在垃圾法增补草案中，将各种建筑垃圾组分的利用率比例作了规定。

（2）英国

从20世纪90年代起，英国政府出台相关规定，对于倾倒的建筑垃圾需缴纳新材料价格 20％的税收，并且将该税金的 90％投入与建筑垃圾循环利用相关领域的研究。此外，英国还颁布了英国标准指南《工业副产品及建筑与民用工程废弃物的利用》。

德国工业标准 4226-100 所规定的 4 种再生骨料的成分　　　　表 4.1.1-1

成分	含量			
	类型一	类型二	类型三	类型四
德国工业标准 4226-1 所要求的混凝土及骨料	≥90	≥70	≤20	≥80
非多孔砖	≤10	≤30	≥80	
灰砂砖			≤5	
其他矿物成分a	≤2	≤3	≤5	≤2
沥青	≤1	≤1	≤1	
其他少量成分b	≤0.2	≤0.5	≤0.5	≤1

注：a　其他矿物成分：多孔砖、轻混凝土、多孔混凝土、砂浆等；
　　b　其他少量成分：玻璃、陶瓷、块状石膏、橡胶、合成材料、金属、木材、纸张等。

德国工业标准 4226-100 所规定的 4 种再生骨料的密度和吸水率　表 4.1.1-2

密度和吸水率	类型一	类型二	类型三	类型四
最小密度（kg·m^{-3}）	2000	2000	1800	1500
密度波动范围（kg·m^{-3}）	±150	±150	±150	没有要求
最大 10min 吸水率（％）	10	15	20	没有要求

（3）荷兰

在 20 世纪 80 年代，荷兰就制定了有关利用再生混凝土骨料制备素混凝土、钢筋混凝土和预应力钢筋混凝土的规范。

（4）丹麦

丹麦建筑垃圾循环再生率很高，主要激励措施是对填埋和焚烧建筑垃圾的征税。环保署（EPA）进行的一项分析表明，税收在建筑垃圾再循环方面起着主要的作用。从 1987 年 1 月 1 日起，分配到焚烧或填埋场的每吨垃圾的税收约为 5 欧元，至 1999 年填埋税增加了 900％，建筑垃圾循环率提高到了 90％。丹麦于 1989 年与瑞典、芬兰等北欧国家实施了统一的北欧环境标志，使用市场力量作为环境法规的补充。丹麦于 1990 年颁布法规修正案允许再生骨料在适宜环境下用于某些特定的结构。该修正案中将回收的混凝土强度分为 20MPa 以下及 20~40MPa 两类，使用时要求各类再生骨料达到一定技术要求。

4.1.2　日本

日本因为资源较为缺乏，因而十分重视废弃混凝土的资源化利用，一直将其视为"建筑副产品"，因此在建筑垃圾资源化方面有相对完善的规范法规和标准体系，对其资源再利用率几乎达到 100％。

（1）1970 年制定了《废弃物处理法》，做任何产品都需要考虑相关内容。

（2）1991 年制定了《再生资源利用促进法》，规定建筑施工过程中产生的建筑垃圾，必须送往"再资源化设施"进行处理。同年，《废弃物处理法》得到进一步修改，旨在推动废弃物的减少和资源的再利用。

（3）1997 年制定出"建设资源再利用推进计划"和"建设工程材料再生资源化法案"。在"建设再循环推进计划"中，提出了建筑废弃物再生利用率的具体目标，要求将来建设工程实现废弃物零排放。

（4）2000 年将《再生资源利用促进法》全面修改为《资源有效利用促进法》从法律层面促进再生资源循环利用，如再生资源未能得到有效利用，将按照违反法律进行处罚。同年颁布了《建设再循环利用法》，为混凝土、沥青混凝土与木材的再循环利用按照进行提供了更为具备的法律依据。与上述法律规定组合组成了一套完备的建筑垃圾回收处理制度，为废旧混凝土等建筑副产品的再生利用提供了法律和制度保障。

（5）1977 年日本制定了《再生骨料和再生混凝土使用规范》，其中规定再生粗骨料的吸水率为 7 ％ 以下，并相继在各地建立了以处理混凝土废弃物为主的再生加工厂，生产再生水泥和再生骨料。

（6）现行的针对再生骨料的技术标准有《凝土用再生骨料（高品质）混》JIS A5021：2005、《使用再生骨料的再生混凝土（中等品质）》JIS A5022：2007、《使用再生骨料的再生混凝土（低品质）》JIS A5023：2006。这三部全面涵盖了再生骨料的具体技术要求，成为支持日本实现接近 100％ 的建筑垃圾处理利用率的有力支撑。

4.1.3　韩国

（1）制定了《沥青混凝土用再生骨料》KS F 2572、《混凝土用再生骨料》KS F 2573、《道路辅助基层用再生骨料》KS F 2574、《再生骨料的杂质含量试验方法》KS F 2576 等再生骨料产品和试验方法标准。

（2）2003 年 12 月颁布了《建设废弃物再生促进法》，2005 年、2006 年经历了两次修订。其中第 21 条规定了建设垃圾处理企业的设施、设备、技术能力、资本及占地面积规模等许可标准；第 35 条规定制定再生骨料的品质标准及设计、施工指南；第 36～37 条规定了再生骨料的品质认证要求及取消规定；第 38 条规定了义务使用建筑垃圾再生骨料的工程范围和使用量。

（3）2005 年 8 月颁布《不同用途的再生骨料品质标准及设计施工指南》，2008 年 4 月进行了修订。内容包括道路基层、混凝土、沥青混凝土、回填等 13 种用途的再生骨料。

（4）2007 年开始每五年建立计划，确定了提高再生骨料建设现场实际再生率、建设废弃物产生减量化、建设废弃物妥善处理三大推进政策。

（5）目前通过再生骨料优先使用政策、再生骨料使用指南、将再生骨料纳入骨料开采方法、妥善处理比例及价格现实化、对再生骨料利用给予奖励等方案提高建设废弃物再生政策的实际效果。

通过对上述发达国家及地区的建筑垃圾资源化利用相关制度规范的考察可以看出，日本、韩国重视建立建筑垃圾资源化专用标准体系，欧洲则通过专用标准与参考标准的结合构建建筑垃圾资源化标准体系。总的来看，标准对于建筑垃圾处理环节和再生产品生产环节起到规范作用，具体相关法律法规的建立促进建筑垃圾资源化利用的顺利实施，从而实现了建筑垃圾的高资源化率（欧盟达 90％以上、日本和韩国为 97％以上、美国为 89％）。

4.2 国内标准现状

国内建筑垃圾资源化有关标准，既有专门为建筑垃圾资源化有关工作制定的专用标准，也有既有的适用于建筑垃圾资源化的参考标准，本部分对目前的标准进行梳理。

4.2.1 专用标准

随着国家对建筑垃圾资源化的重视，近年来逐步制定了系列国家层面的标准，包括建筑垃圾再生处置、再生产品及应用等，主要标准见表4.2.1-1。

国家层面有关专用标准列表 表 4.2.1-1

序号	标准名称	标准编号	发布单位
1	混凝土和砂浆用再生细骨料	GB/T 25176－2010	住房和城乡建设部
2	混凝土用再生粗骨料	GB/T 25177－2010	住房和城乡建设部
3	再生骨料应用技术规程	JGJ/T 240－2011	住房和城乡建设部
4	再生骨料地面砖和透水砖	CJ/T 400－2012	住房和城乡建设部
5	工程施工废弃物再生利用技术规范	GB/T 50743－2012	住房和城乡建设部
6	道路用建筑垃圾再生骨料无机混合料	JC/T 2281－2014	工业和信息化部
7	再生骨料混凝土耐久性控制技术规程	CECS 385：2014	中国工程建设标准化协会
8	水泥基再生材料的环境安全性检测标准	CECS 397：2015	中国工程建设标准化协会
9	建筑垃圾再生骨料实心砖	JG/T 505－2016	住房和城乡建设部
10	再生透水混凝土应用技术规程	CJJ/T 253－2016	住房和城乡建设部
11	建筑废弃物再生工厂设计规范	GB 51322－2018	住房和城乡建设部
12	再生混凝土结构技术标准	JGJ/T 443－2018	住房和城乡建设部
13	再生混合混凝土组合结构技术标准	JGJ/T 468－2019	住房和城乡建设部
14	固定式建筑垃圾处置技术规程	JC/T 2546－2019	工业和信息化部
15	建筑固废再生砂粉	JC/T 2548－2019	工业和信息化部
16	建筑垃圾处理技术标准	CJJ/T 134－2019	住房和城乡建设部
17	混凝土和砂浆用再生微粉	JG/T 573－2020	住房和城乡建设部
18	建筑垃圾处理与资源化利用工程项目建设标准	国标在编	住房和城乡建设部　国家发改委
19	建筑垃圾粉碎设备	行标在编	工业和信息化部

45

续表

序号	标准名称	标准编号	发布单位
20	透水铺装、生物滞留水体净化设施用再生骨料	行标在编	工业和信息化部
21	施工现场固体废弃物综合处置技术规程	行标在编	工业和信息化部
22	建筑垃圾减量化规划标准	团标在编	中国工程建设标准化协会
23	建筑垃圾减量化设计标准	团标在编	中国工程建设标准化协会
24	建筑垃圾再生骨料路面基层施工与验收规程	团标在编	中国工程建设标准化协会
25	建筑垃圾分类收集技术规程	团标在编	中国工程建设标准化协会
26	公路工程利用建筑垃圾技术规范	JTG/T 2321－2021	交通运输部

国家层面已经颁布的专用标准适用性整理分析如下：

（1）《混凝土和砂浆用再生细骨料》GB/T 25176－2010

适用于配制混凝土和砂浆的再生细骨料，规定了混凝土和砂浆用再生细骨料的术语和定义、分类与规格、要求、试验方法、检验规则、标志、储存和运输。基于标准编制时建筑垃圾资源化技术还不够普及和成熟，且过于考虑与普通骨料技术要求的一致，对再生骨料的部分技术要求或不适用或偏高，不符合再生骨料的生产与应用实际，目前正在修订中。

（2）《混凝土用再生粗骨料》GB/T25177－2010

适用于配制混凝土的再生粗骨料，规定了混凝土用再生粗骨料的术语和定义、分类和规格、要求、试验方法、检验规则、标志、储存和运输。基于标准编制时建筑垃圾资源化技术还不够普及和成熟，且过于考虑与普通骨料技术要求的一致，对再生骨料的部分技术要求或不适用或偏高，不符合再生骨料的生产与应用实际，目前正在修订中。

（3）《再生骨料应用技术规程》JGJ/T 240－2011

适用于再生骨料在建筑工程中的应用。再生骨料在建筑工程中应用产品形式多样，包括再生混凝土、砂浆、各类混凝土制品甚至构件等，各类建材产品自身性能区别，对骨料要求不一，一个标准要完全把所有产品的原料要求、生产设计、制备、运输、养护、验收等所有环节所有要求全部作出规定非常困难，其具体可执行性必然有待提高。

（4）《再生骨料地面砖和透水砖》CJ/T 400－2012

适用于再生骨料地面砖和透水砖的生产和检验，规定了再生骨料地面砖和透水砖的术语和定义、缩略语、分类、原材料、要求、试验方法、检测规则、产品合格证、包装、运输和贮存。

（5）《工程施工废弃物再生利用技术规范》GB/T 50743－2012

适用于建设工程施工过程中工程废弃物的管理、处理和再生利用；不适用于已被污染或腐蚀的工程施工废弃物的再生利用，规定了工程施工废弃物再生利用的基本技术要求。该标准对如何实现分类回收并未作出规定，对再生利用技术缺乏针对性，大部分技术内容与 CJJ 134－2009、JGJ/T 240－2011 有交叉。

（6）《道路用建筑垃圾再生骨料无机混合料》JC/T 2281-2014

适用于城镇道路路面基层及底基层用建筑垃圾再生无机混合料，公路各等级道路可参照执行。标准规定了建筑垃圾再生无机混合料的范围、术语和符号、分类、原材料、技术要求、配合比设计、制备、试验方法、检验规则、订货与交货。标准的制定迎合了当下建筑垃圾大部分回用于道路的实际需求，但再生骨料无机混合料只是一个中间产品，更有效的支持还需要该产品的应用技术标准。

（7）《再生骨料混凝土耐久性控制技术规程》CECS 385：2014

适用于再生骨料混凝土耐久性控制，包括总则、术语、基本规定、原材料控制、混凝土性能要求、配合比设计、生产与施工、质量检验等内容。

（8）《建筑垃圾再生骨料实心砖》JG/T 505-2016

适用于以水泥、再生骨料等为主要原料，经原料制备、振动压制成型、养护而成的实心非烧结砖，规定了建筑垃圾再生骨料实心砖的术语和定义、规格、分类和产品标记、原材料、技术要求、试验方法、检验规则、标志、包装、贮存和运输等。

（9）《再生透水混凝土应用技术规程》CJJ/T 253-2016

适用于新建、改建或扩建的人行道、步行街、非机动车道、广场和停车场工程采用再生骨料透水水泥混凝土的设计、施工、验收和维护。

（10）《建筑废弃物再生工厂设计规范》GB 51322-2018

适用于新建、改建和扩建建筑垃圾再生工厂的设计。对总图运输、建筑废弃物处置、再生产品生产系统、信息化与自动化、辅助生产设施、公用工程等内容进行技术规定。该标准根据工艺系统配置情况将建筑垃圾再生工厂资源化水平进行分类见表 4.2.1-2，其中Ⅰ类的资源化系统配置中对再生微粉系统，特别是轻物质资源化系统的配置要求与再生工厂实际差距较大，按此分类全国范围内资源化工厂能达到Ⅰ类的寥寥无几，因此难以实现引领工厂建设水平的目的。

建筑垃圾资源化工厂资源化水平分类　　　　　　　　　表 4.2.1-2

工艺模块配置	Ⅰ类	Ⅱ类	Ⅲ类
预处理系统	●	●	●
分选分离系统	●	●	●
破碎筛分系统	●	●	●
再生混凝土系统			○
再生干混砂浆系统	◎	◎	○
再生砖（砌块）系统			○
再生无机结合料系统	●	●	○
信息化与自动化	●	●	○
骨料整形系统	●	○	○
轻物质资源化系统	●	○	○
再生建筑微粉系统	●	○	○

注：●表示必备；○表示可选；◎表示至少三选一。

（11）《再生混凝土结构技术标准》JGJ/T 443－2018

标准适用于再生混凝土房屋建筑结构的设计、施工及验收，规定了再生混凝土配合比设计、承载能力极限状态计算、正常使用极限状态验算；并对多层、高层和低层房屋中的应用做了详细规定，包括不同结构部位再生混凝土的等级、再生混凝土框架柱的尺寸、再生混凝土中再生骨料的取代率、再生混凝土柱和剪力墙的轴压比限值等。

（12）《再生混合混凝土组合结构技术标准》JGJ/T 468－2019

标准适用于抗震设防烈度不高于 8 度地区的建筑工程中再生混合混凝土组合结构的设计与施工。再生混合混凝土是指旧混凝土块体与新混凝土混合浇筑形成的混合物，而旧混凝土块体是指块体不同方位外接圆柱体最小直径在 60～300mm 的旧混凝土块状物。再生混合混凝土组合构件是指再生混合混凝土与型钢组合而成的结构构件。构件形式包括柱、梁、板、墙四种。标准详细规定的不同形式的构件设计中各种承载力的计算。

（13）《固定式建筑垃圾处置技术规程》JC/T 2546－2019

标准适用于以混凝土类、砖混类建筑垃圾为处置对象的新建、扩建、改建的固定式建筑垃圾再生处置厂的规划、设计、运维管理。建筑垃圾种类多、成分杂，目前资源化的对象仍然是以混凝土类、砖混类建筑垃圾为主的拆建类建筑垃圾，标准适用范围明确。固定式建筑垃圾再生处置厂是指设计使用年限不小于 10 年，采用一定的工艺手段，利用建筑垃圾生产再生产品的固定场所，其核心规定在于设计使用年限，10 年以上的规定是保证其是一个长期的存在，而不是一个短期行为，可以作为城市基础设施建设考虑，同时长期稳定的存在也给建设方加大投入、高水平建设提供保证。该标准主要对固定式建筑垃圾处置厂的厂址选择与总平面布置、建筑垃圾再生处理、生产质量控制、资源化利用产品要求、公用工程与辅助设施、环境保护与节能等内容作了规定。特别是对建筑垃圾再生处理各主要技术工艺环节的规定详细、具体，可操作性强，为建筑垃圾资源化处置的工艺设计提供了设计参考和依据。同时标准还首次对建筑垃圾进厂资源化率、杂物分选率进行了规定，引领建筑垃圾资源化行业的技术进步和工厂的建设水平。

（14）《建筑固废再生砂粉》JC/T 2548－2019

标准适用于建筑固废再生砂粉在水泥混凝土、沥青混凝土、砂浆、水泥混凝土制品、无机混合料、回填材料等的应用，规定了建筑固废再生砂粉的分类与规格、技术要求等技术内容。所谓建筑固废再生砂粉是指建筑固废经除杂、破碎和筛分等工艺处置获得的细骨料与微粉的混合料，粒径不大于 4.75mm，其颗粒级配规定与《建设用砂》GB/T 14684 中对机制砂的规定差别不大，主要在于 $150\mu m$ 方孔筛的累计筛余放大至 100%。

（15）《建筑垃圾处理技术标准》CJJ/T 134－2019

标准适用于建筑垃圾的收集运输与转运调配、资源化利用、堆填、填埋处置等的规划、设计、建设和运行管理。总的来看，该标准对目前建筑垃圾的几种处置方式资源化、堆填、填埋都做了基本技术规定，对提高建筑垃圾减量化、资源化、无害化和安全处置水平，规范建筑垃圾处理过程具有指导性。

（16）《混凝土和砂浆用再生微粉》JG/T 573－2020

标准适用于制备混凝土、砂浆及其制品时作为掺合料使用的再生微粉，规定了再生微粉的术语和定义、分类和标记、要求、试验方法等技术内容。技术要求主要包括再生微粉的细度、需水量比、活性指数及流动度 2h 经时变化量等。

（17）《公路工程利用建筑垃圾技术规范》JTG/T 2321－2021

标准适用于公路工程利用建筑垃圾材料的生产加工及基在路基工程、路面基层、水泥混凝土构件中的应用。主要内容包括总则、术语、生产加工，技术要求与应用范围，路基、路面基层、水泥混凝土构件。

已经颁布国家层面的专用标准主要技术内容整理如表 4.2.1-3 所示。

国家层面专用标准主要技术内容 表 4.2.1-3

序号	标准名称	主要技术内容
1	《混凝土和砂浆用再生细骨料》GB/T 25176－2010	按细度模数 M_x 分为：粗 3.7～3.1；中 3.0～2.3；细 2.2～1.6。按性能要求分为Ⅰ类、Ⅱ类、Ⅲ类，除常规技术要求外，对微粉含量、胶砂强度比、胶砂需水量比进行了规定
2	《混凝土用再生粗骨料》GB/T 25177－2010	连续粒级分为 5mm～16mm、5mm～20mm、5mm～25mm 和 5mm～31.5mm 四种规格，单粒级分为 5mm～10mm、10mm～20mm 和 16mm～31.5mm 三种规格。按性能要求分为Ⅰ类、Ⅱ类和Ⅲ类。除常规技术要求外，规定杂物含量＜1.0%
3	《再生骨料应用技术规程》JGJ/T 240－2011	Ⅰ类再生粗骨料可用于配制各种强度等级的混凝土；Ⅱ类再生粗骨料、Ⅰ类再生细骨料宜用于配制 C40 及以下强度等级的混凝土；Ⅲ类、Ⅱ类再生细骨料再生粗骨料可用于配制 C25 及以下强度等级的混凝土；Ⅲ类再生细骨料不宜用于配制结构混凝土。Ⅰ类再生细骨料可用于配制各种强度等级的砂浆；Ⅱ类再生细骨料宜用于配制强度等级不高于 M15 的砂浆；Ⅲ类再生骨料宜用于配制强度等级不高于 M10 的砂浆
4	《再生骨料地面砖和透水砖》CJ/T 400－2012	再生骨料地面砖和透水砖的规格为边长 100～500，厚度 50～120；抗压强度等级分为 MU20、MU25、MU30、MU35、MU40；抗折等级为 R_f3.0、R_f3.5、R_f4.0、R_f4.5。地面砖：吸水率≤8.0%；透水砖透水系数（15℃）≥1.0×10^{-2} cm/s
5	《工程施工废弃物再生利用技术规范》GB/T 50743－2012	规定再生骨料混凝土强度等级合理使用范围，砌体用再生骨料混凝土强度等级为 C20～C30；道路用再生骨料混凝土为 C30～C40；结构用再生骨料混凝土为 C15～C40，同时规定再生骨料混凝土构件中不同环境下保护层最小厚度为 20～40mm
6	《道路用建筑垃圾再生骨料无机混合料》JC/T 2281－2014	根据无机混合料的种类不同确定不同颗粒级配，Ⅰ类再生级配骨料 4.75mm 以上部分再生混凝土颗粒含量≥90%，压碎指标≤30%，杂物含量≤0.5%，针片状颗粒含量≤20%；同时规定了三种不同无机混合料的 7d 无侧限抗压强度
7	《再生骨料混凝土耐久性控制技术规程》CECS 385：2014	规定再生骨料混凝土拌合物水溶性氯离子最大含量：钢筋混凝土 0.06%～0.30%，预应力混凝土 0.06%，素混凝土 1.00%；泵送混凝土拌合物坍落度经时损失不宜大于 40mm/h。规定了Ⅱ类再生粗骨料最大取代率≤40%～50%，再生细骨料最大取代率≤15%
8	《建筑垃圾再生骨料实心砖》JG/T 505－2016	建筑垃圾再生骨料实心砖中再生骨料细粉含量为 25%～40%，压碎指标≤30%，泥块含量≤1.0%，最大粒径应不大于 8 mm，可按 0mm～3mm，3mm～8mm 两粒级控制。抗压强度等级分为 MU3.5、MU5、MU7.5、MU10、MU15、MU20，吸水率≤13%～17%；干燥收缩率/%≤0.060；相对含水率/%≤30%～40%

续表

序号	标准名称	主要技术内容
9	《再生透水混凝土应用技术规程》CJJ/T 253-2016	规定再生透水混凝土骨料性能指标：微粉含量＜3.0%，泥块含量＜1.0%，杂物含量＜1.0%，针片状颗粒＜10.0%，压碎指标＜20%，吸水率＜8.0%，并注明透水面层宜采用4.75mm～9.50mm或9.55mm～16.0mm的单粒级骨料，透水基层骨料宜采用最大粒径不超过31.5mm的连续级配碎石
10	《建筑废弃物再生工厂设计规范》GB 51322-2018	总图运输包括厂址选择与总体规划、总平面布置、竖向设计、管线综合布置、厂区道路、厂区绿化。建筑废弃物处置包括预处理、分选分离、破碎与筛分、骨料整形、泥水分离、回收物处置等。再生产品生产系统包括再生混凝土、再生干混砂浆、再生建筑微粉、再生砖/砌块、道路用再生无机混合料、轻物质资源化。信息化与自动化、辅助生产设施、公用工程等章节的规定详细、具体
11	《再生混凝土结构技术标准》JGJ/T 443-2018	掺用Ⅰ类再生粗骨料的再生混凝土，其强度、弹性模量取值可按现行国家标准《混凝土结构设计规范》GB 50010规定执行。掺用Ⅱ类、Ⅲ类再生粗骨料的再生混凝土，其轴心抗压强度标准值、轴心抗拉强度标准值、轴心抗压强度设计值、轴心抗拉强度设计值可按现行国家标准《混凝土结构设计规范》GB 50010取值并乘以再生混凝土强度折减系数 α 后采用，再生粗骨料取代率为30%时 α 取0.95；再生粗骨料取代率为100%时 α 取0.85；再生粗骨料取代率介于30%和100%之间时 α 按线性内插法取用。掺用Ⅱ类、Ⅲ类再生粗骨料的再生混凝土的弹性模量宜通过试验确定，同时标准也给出了无试验资料时的确定方法。总体来看，Ⅰ类再生骨料混凝土与普通混凝土基本无差别，Ⅱ类、Ⅲ类再生骨料混凝土的有一系列的特殊规定
12	《再生混合混凝土组合结构技术标准》JGJ/T 468-2019	根据新混凝土立方体抗压强度标准值和旧混凝土立方体抗压强度推定值计算再生混合混凝土的组合立方体抗压强度标准值。再生混合混凝土中旧混凝土块体的替代率宜为25%～35%，且不应大于40%。给出了再生混合混凝土的组合轴心抗拉、抗压强度标准值、设计值和弹性模量等参数。详细规定柱、梁、板、墙四种形式构件设计中各种承载力的计算和施工工艺
13	《固定式建筑垃圾处置技术规程》JC/T 2546-2019	处置厂规模按年处置能力分为大、中、小型三类，其中大型不低于100万吨/年；中型不低于50万吨/年；小型不低于25万吨/年。建筑垃圾原料堆场占地面积宜按堆高不超过6m、容纳能力不宜低于15d的再生处理量进行设计；规定了单位再生骨料综合能耗限额限定值；进厂建筑垃圾资源化率不应低于95%，对建筑垃圾接收储存和预处理和再生处理生产线的给料系统、除土系统、破碎筛分系统、分选除杂系统、输送系统作了详细具体的规定。公用工程与辅助设施部分基于建筑垃圾再生处置的特点作了技术规定
14	《建筑固废再生砂粉》JC/T 2548-2019	按性能要求和用途分为A类、B类、C类，A类适用于配制水泥混凝土、沥青混凝土、砂浆；B类适用于配制砂浆、砖、砌块、泡沫混凝土或加气混凝土；C类适用于配制无机混合料或回填材料。A类再生砂粉按细度模数分为粗、中、细三种规格。除常规技术要求外，对微粉含量、胶砂强度比、胶砂需水量比进行了规定

续表

序号	标准名称	主要技术内容
15	《建筑垃圾处理技术规范》CJJ/T 134-2019	定义建筑垃圾是工程渣土、工程泥浆、工程垃圾、拆除垃圾和装修垃圾等的总称。包括新建、扩建、改建和拆除各类建筑物、构筑物、管网等以及居民装饰装修房屋过程中所产生的弃土、弃料及其他废弃物，不包括经检验、鉴定为危险废物的建筑垃圾。定义堆填是利用现有低洼地块或即将开发利用但地坪标高低于使用要求的地块，且地块经有关部门认可，用符合条件的建筑垃圾替代部分土石方进行回填或堆高的行为。不同类型建筑垃圾优先处理技术不同。规定了建筑垃圾收集运输与转运调配、资源化利用、堆填、填埋的主要技术要求
16	《混凝土和砂浆用再生微粉》JG/T 573-2020	定义再生微粉是采用以混凝土、砖瓦等为主要成分的建筑垃圾制备再生骨料过程中伴随产生的粒径小于 $75\mu m$ 的颗粒。再生微粉分为 I 级和 II 级。规定了再生微粉的细度、需水量比、活性指数、流动度 2h 经时变化量及 MB 值等主要指标
17	《公路工程利用建筑垃圾技术规范》JTG/T 2321—2021	建筑垃圾再生材料生产加工，再生材料应用范围，并按 I、II、III、IV、V 分级规定技术要求；再生材料路基、路面设计与施工；再生集料混凝土设计与施工

同时，为适应不同地区建筑垃圾资源化的需求，一些建筑垃圾资源化起步较早或发展较快的地区也制定了专用的地方标准，部分地方层面的建筑垃圾资源化标准见表 4.2.1-4。

地方层面部分专用标准列表　　　　　　　　　　表 4.2.1-4

序号	标准名称	标准编号	发布单位
1	地震损毁建筑废弃物再生骨料混凝土实心砖	DB51/T 863-2008	四川省质量技术监督局
2	再生混凝土结构设计规程	DB11/T 803-2011	北京市质量技术监督局
3	建筑废弃物减排技术规范	SJG 21-2011	深圳市质量技术监督局
4	城镇道路建筑垃圾再生路面基层施工与质量验收规范	DB11/T 999-2013	北京市质量技术监督局
5	再生混凝土粉应用技术规程	DB31/T 761-2013	上海市质量技术监督局
6	深圳市再生骨料混凝土制品技术规范	SJG 25-2014	深圳市住房和建设局
7	建筑垃圾运输车辆标识、监控和密闭技术要求	DB11/T 1077-2020	北京市质量技术监督局
8	建筑垃圾再生集料路面基层施工技术规程	DB13(J)/T 155-2014	河北省质量技术监督局
9	再生砂粉应用技术规程	DB31/T 894.1~894.3-2015	上海市质量技术监督局
10	建筑垃圾车技术及运输管理要求	DB31/T 398-2015	上海市质量技术监督局
11	建筑垃圾运输车技术要求	DB34/T 2417-2015	安徽省质量技术监督局
12	固定式建筑垃圾资源化处置设施建设导则	京建发〔2015〕395号	北京市住房和建设委员会
13	城镇道路建筑垃圾再生集料路面基层施工技术规范	DBJ41/T166-2016	河南省住房和城乡建设厅
14	建筑废弃物填筑路基施工技术规范	DB41/T 1193-2016	河南省质量技术监督局
15	建筑垃圾再生骨料能源消耗限额	DB11/T 1386-2017	北京市质量技术监督局

序号	标准名称	标准编号	发布单位
16	建筑垃圾混凝土砌块	DB62/T 2783 - 2017	甘肃省质量技术监督局
17	深圳市建筑废弃物再生产品应用工程技术规程	SJG 37 - 2017	深圳市住房和城乡建设局
18	再生混凝土应用技术规程	DG/T J08 - 2018 - 2007	上海市质量技术监督局
19	道路用建筑垃圾再生细集料技术规程	DB61/T 1147 - 2018	陕西省质量技术监督局
20	道路用建筑垃圾再生粗集料技术规程	DB61/T 1148 - 2018	陕西省质量技术监督局
21	建筑垃圾再生材料路基施工技术规程	DB61/T 1149 - 2018	陕西省质量技术监督局
22	水泥稳定建筑垃圾再生集料基层施工技术规范	DB61/T 1150 - 2018	陕西省质量技术监督局
23	石灰粉煤灰稳定建筑垃圾再生集料基层施工技术规范	DB61/T 1151 - 2018	陕西省质量技术监督局
24	建筑垃圾再生材料挤密桩施工技术规范	DB61/T 1159 - 2018	陕西省质量技术监督局
25	道路用建筑垃圾再生材料加工技术规范	DB61/T 1160 - 2018	陕西省质量技术监督局
26	建筑垃圾再生材料处理公路软弱地基技术规范	DB61/T 1174 - 2018	陕西省质量技术监督局
27	建筑垃圾再生材料公路应用设计规范	DB61/T 1175 - 2018	陕西省质量技术监督局
28	公路工程利用建筑垃圾再生材料预算定额和机械台班费用定额	DB61/T 1182 - 2018	陕西省质量技术监督局
29	建筑垃圾再生骨料非承重预制构件技术规范	DB61/T 1249 - 2019	陕西省市场监督管理局
30	道路工程建筑废弃物再生产品应用技术规程	SJG 48 - 2018	深圳市住房和建设局
31	建设工程建筑废弃物减排与综合利用技术标准	SJG 63 - 2019	深圳市住房和建设局
32	建设工程建筑废弃物排放限额标准	SJG 62 - 2019	深圳市住房和建设局
33	公路用建筑垃圾再生材料施工与验收规范	DB11/T 1731 - 2020	北京市质量技术监督局
34	建筑垃圾再生集料道路基层应用技术规范	DB4110/T 6 - 2020	许昌市市场监督管理局

在国家层面的标准中，总体专用标准涉及建筑垃圾再生处理工艺技术、项目建设、再生产品及其应用技术。资源化处置项目建设、再生处置工艺与设备选择、建厂要求等都有相应的标准支持，再生粗骨料、细骨料、微粉已有产品标准，比较成熟的资源化利用产品如道路用再生无机混合料、再生实心砖（包括砌墙砖、地面砖和透水砖）均已有产品标准；再生混凝土结构设计标准完成，应用技术在《再生骨料应用技术规程》标准中有部分涉及。在地方标准中，仅有少数省市进行了适于地方特点的资源化标准编制，用以指导本地区建筑垃圾资源化工作。2015 年之前大多是围绕城市环境管理而制定的运输相关标准，有少量再生处理及再生产品技术标准，2016 年之后，随着建筑垃圾资源化产业的发展，部分地区建筑垃圾资源化工作的深入，再生产品及应用类标准显著增多，以陕西省为例，2018～2019 年密集出台了 11 项建筑资源化专用标准，甚至将再生材料预算定额纳入地方标准体系，有效支持了产业发展；深圳市在建筑垃圾减排方面起步早，已经形成了排放限额地方标准。

4.2.2 参考标准

除专用的技术标准外，一些既有的标准也可给建筑垃圾资源化提供参考和支持，国内建筑垃圾资源化参考标准见表4.2.2。

国家有关参考标准列表　　　　　　　　表4.2.2

序号	标准名称	标准编号	发布单位
1	生活垃圾填埋场污染控制标准	GB 16889－2008	国家环境保护局 国家环境监督局
2	生活垃圾卫生填埋技术规范	GB 50869－2013	住房和城乡建设部
3	生活垃圾卫生填埋场封场技术规范	GB 51220－2017	住房和城乡建设部
4	预拌混凝土	GB/T 14902－2012	国家质量监督检验检疫总局
5	公路水泥混凝土路面设计规范	JTG D40－2011	交通运输部
6	公路工程集料试验规程	JTG E42－2005	交通运输部
7	普通混凝土用砂、石质量及检验方法标准	JGJ 52－2006	住房和城乡建设部
8	大件垃圾收集和利用技术要求	GB/T 25175－2010	国家质量监督检验检疫总局
9	城市生活垃圾分类及其评价标准	CJJ/T 102－2004	住房和城乡建设部
10	环境卫生设施设置标准	CJJ 27－2012	住房和城乡建设部
11	建设用砂	GB/T 14684－2011	国家质量监督检验检疫总局
12	建设用卵石、碎石	GB/T 14685－2011	国家质量监督检验检疫总局
13	混凝土结构工程施工质量验收规范	GB 50204－2015	住房和城乡建设部
14	混凝土结构耐久性设计标准	GB/T 50476－2019	住房和城乡建设部
15	普通混凝土小型砌块	GB/T 8239－2014	国家质量监督检验检疫总局
16	生活垃圾应急处置技术导则	RISN-TG005-2008	住房和城乡建设部标准定额研究所
17	水泥基再生材料的环境安全性检测标准	CECS 397：2015	中国工程建设标准化协会

上述参考标准中的部分条款可以用于指导建筑垃圾资源化，主要标准分析如下：

（1）《生活垃圾填埋场污染控制标准》GB 16889－2008

适用于生活垃圾填埋场建设、运行和封场后的维护与管理过程中的污染控制和监督管理，标准规定了生活垃圾填埋场选址、设计与施工、填埋废物的入场条件、运行、封场、后期维护与管理的污染控制和监测等方面的要求。其中规定建筑垃圾等工业废弃物经处理后其浸出液中危害成分浓度低于规定限值时，可进入生活垃圾填埋场中单独分区填埋。

（2）《生活垃圾卫生填埋技术规范》GB 50869－2013

适用于新建、改建、扩建的生活垃圾填埋处理工程的选址、设计、施工、验收和作业管理，规定了填埋物入场技术要求，场址选择，总体设计，地基处理与场地平整，垃圾坝与坝体稳定性，渗沥液收集与处理，填埋气体导排与利用，填埋作业与管理，封场与堆体稳定性，工程施工及验收等方面的要求。其填埋入场要求中未对涉及建筑垃圾等废弃物的入场给出相关规定。

（3）《生活垃圾卫生填埋场封场技术规范》GB 51220－2017

适用于生活垃圾卫生填埋场和简易垃圾填埋场，规定了生活垃圾卫生填埋场封场工程的设计、施工、验收、运行维护等方面的相关要求。对于建筑垃圾等废弃物填埋场的封场设计、施工等方面有借鉴和指导意义。

（4）《预拌混凝土》GB/T 14902－2012

适用于搅拌站（楼）生产预拌混凝土，规定了预拌混凝土性能等级、原材料和配合比、质量要求、制备、试验方法、检验规则、订货与交货。对建筑垃圾再生混凝土有关生产技术具有借鉴和指导意义。

（5）《公路水泥混凝土路面设计规范》JTG D40－2011

适用于各等级新建和改建公路的水泥混凝土路面设计。规定了公路路面各项设计参数、结构组合设计、接缝设计、混凝土面层配筋设计、加铺层结构设计、材料组成等方面的要求。其中规定了不同基层材料和面层材料中集料的最大粒径的技术指标，为用于公路水泥混凝土的再生骨料提出了技术要求。

（6）《公路工程集料试验规程》JTG E42－2005

适用于各等级公路工程集料试验要求。规定了新建和改建各级公路工程中水泥混凝土、沥青混合料和路面基层所用集料的试验方法。其中对粗、细集料的各种性能指标的试验方法进行了细致要求，对用于公路工程的再生骨料的相关性能指标的测试提供了依据。

（7）《普通混凝土用砂、石质量及检验方法标准》JGJ 52－2006

适用于一般工业与民用建筑和构筑物中普通混凝土用砂石的质量要求和检验，规定了天然砂，人工砂和碎石、卵石的质量要求、验收、运输和堆放。为再生骨料的技术要求及试验方法提供了参考。

（8）《大件垃圾收集和利用技术要求》GB/T 25175－2010

适用于生活来垃圾中大件垃圾收集和利用，其他来源的大件垃圾利用可参照执行。规定了大件垃圾的分类、收集、运输与贮存要求和再使用。拆解、再生利用要求和残余物处置要求。大件垃圾分类中包括家具、家用电器和电子产品、其他大件垃圾，建筑垃圾中的部分大块轻质杂物可视为其他大件垃圾，该标准为其回收、利用提供参考。

（9）《城市生活垃圾分类及其评价标准》CJJ/T 102－2004

适用于城市生活垃圾的分类、投放、收运和分类评价，规定了分类方法、分类要求、分类操作、评价指标等方面的要求。该标准明确指出不适用于城市生活垃圾中的建筑垃圾。但可为建筑垃圾专用的分类及其评价标准制定提供了参考。

（10）《环境卫生设施设置标准》CJJ 27－2012

适用于城镇环境卫生设施的设置，规定了城镇环境卫生设施的规划、设计、建设、管理。该标准提出了城市生活废弃物应进行资源化回收及利用，加快垃圾分类收集，以利于垃圾处理减量化、无害化。分类收集的垃圾应分类运输、分类处理，垃圾分类方式与分类处理方式应相互协调。为建筑垃圾资源化设施的规划、设计提供参考。

（11）《建设用砂》GB/T 14684－2011

适用于建设工程中混凝土及其制品和普通砂浆用砂，规定了建设用砂的术语和定义、分类与规格、技术要求、试验方法、检验规则、标志、储运和运输等，对建筑垃圾再生细骨料的性能指标要求和试验方法具有借鉴意义。

（12）《建设用卵石、碎石》GB/T 14685－2011

适用于建设工程中水泥混凝土及其制品用卵石和碎石，其他工程用卵石和碎石也可参照执行。规定了建筑用卵石、碎石的定义、分类和规格、技术要求、试验方法、检验规则、标志、储存和运输，对建筑垃圾再生粗骨料的性能指标要求和试验方法具有借鉴意义。

（13）《混凝土结构工程施工质量验收规范》GB 50204－2015

适用于建筑工程混凝土结构施工质量的验收，规定了混凝土结构工程施工的术语、基本规定、模板分项工程、钢筋分项工程、预应力分项工程、混凝土分项工程、现浇结构分项工程、装配式结构分项工程、混凝土结构子分部工程验收。其中混凝土原材料中规定了再生混凝土骨料应符合现行国家标准《混凝土用再生粗骨料》GB/T 25177 和《混凝土和砂浆用再生细骨料》GB/T 25176 的规定。

（14）《混凝土结构耐久性设计标准》GB/T 50476－2019

适用于常见环境作用下房屋建筑、城市桥梁、隧道等市政基础设施与一般构筑物中普通混凝土结构及其构建的耐久性设计，不适用于轻骨料混凝土及其他特种混凝土结构。规定了混凝土结构耐久性设计原则，环境作用类别与等级的划分、设计使用年限、混凝土材料的基本要求等。其中规定了不同环境作用下配筋混凝土组成原材料中粗骨料的最大粒径，并应严格控制其中氯离子含量。为再生混凝土结构的耐久性设计提供了借鉴和指导。

（15）《普通混凝土小型砌块》GB/T 8239－2014

适用于工业与民用建筑用普通混凝土小型砌块，规定了普通混凝土小型砌块的术语和定义、规格、种类、等级和标记、原材料、技术要求、试验方法、检验规则、产品合格证、堆放和运输。为建筑垃圾再生普通混凝土小型砌块的技术要求提供了参考。

（16）《生活垃圾应急处置技术导则》RISN－TG005－2008

导则对灾区临时安置点、过渡居住区，以及临时机构或设施等产生的生活垃圾的应急处置作了明确规定，避免疾病传播和环境污染。主要内容包括生活垃圾清扫收集，生活垃圾运输与转运，生活垃圾处理处置，环境保护、安全生产与劳动卫生等。导则对自然灾害产生的建筑垃圾的应急处置具有借鉴和指导意义。

（17）《水泥基再生材料的环境安全性检测标准》CECS 397：2015

标准适用于采用建筑垃圾、污泥和工业固体废物生产的水泥基再生材料及其工程应用时的环境安全性检测，为建筑垃圾再生水泥基材料的环境安全要求提供了依据。

4.3 国内标准化政策分析

根据《中华人民共和国标准化法》，我国标准化工作实行"统一管理、分工负责"的管理体制。通过标准化改革，我国构建了政府主导和市场自主制定的标准协同发展、协调配套的新型标准体系。该体系由国家标准、行业标准、地方标准、团体标准和企业标准构成，其中国家标准、行业标准、地方标准属于政府主导制定的标准，团体标准和企业标准属于市场自主制定的标准。具体改革文件如下：

1.《深化标准化工作改革方案》对标准化工作的要求

近年来，我国标准化事业得到快速发展，国家标准、行业标准和地方标准总数达到

10 万项，覆盖第一二三产业和社会事业各领域的标准体系基本形成。我国工程建设标准经过 60 余年发展，国家、行业和地方标准已达 7000 余项，形成了覆盖工程建设各环节的标准体系。但总体来看仍存在诸多问题，由此国家在标准化管理中提出加大标准供给侧改革，2015 年 3 月 11 日，国务院以国发〔2015〕13 号印发《深化标准化工作改革方案》（以下简称《方案》），部署改革标准体系和标准化管理体制，改进标准制定工作机制，强化标准的实施与监督。通过改革，把政府单一供给的现行标准体系，转变为由政府主导制定的标准和市场自主制定的标准共同构成的新型标准体系。政府主导制定的标准由 6 类整合精简为 4 类，分别是强制性国家标准和推荐性国家标准、推荐性行业标准、推荐性地方标准；市场自主制定的标准分为团体标准和企业标准。《方案》的改革要求给建筑垃圾回收与再生利用标准体系的建立提出了总体要求。

> **总体目标：** 建立政府主导制定的标准与市场自主制定的标准协同发展、协调配套的新型标准体系，健全统一协调、运行高效、政府与市场共治的标准化管理体制，形成政府引导、市场驱动、社会参与、协同推进的标准化工作格局，有效支撑统一市场体系建设，让标准成为对质量的"硬约束"，推动中国经济迈向中高端水平。
>
> **改革措施：** 通过改革，把政府单一供给的现行标准体系，转变为由政府主导制定的标准和市场自主制定的标准共同构成的新型标准体系。政府主导制定的标准由 6 类整合精简为 4 类，分别是强制性国家标准和推荐性国家标准、推荐性行业标准、推荐性地方标准；市场自主制定的标准分为团体标准和企业标准。政府主导制定的标准侧重于保基本，市场自主制定的标准侧重于提高竞争力。同时建立完善与新型标准体系配套的标准化管理体制。建立高效权威的标准化统筹协调机制、整合精简强制性标准、优化完善推荐性标准、培育发展团体标准、放开搞活企业标准、提高标准国际化水平等具体改革措施。通过改革，把政府单一供给的现行标准体系，转变为由政府主导制定的标准和市场自主制定的标准共同构成的新型标准体系。政府主导制定的标准侧重于保基本，市场自主制定的标准侧重于提高竞争力。
>
> （二）整合精简强制性标准。在标准体系上，逐步将现行强制性国家标准、行业标准和地方标准整合为强制性国家标准。在标准范围上，将强制性国家标准严格限定在保障人身健康和生命财产安全、国家安全、生态环境安全和满足社会经济管理基本要求的范围之内。
>
> （三）优化完善推荐性标准。在标准体系上，进一步优化推荐性国家标准、行业标准、地方标准体系结构，推动向政府职责范围内的公益类标准过渡，逐步缩减现有推荐性标准的数量和规模。在标准范围上，合理界定各层级、各领域推荐性标准的制定范围，推荐性国家标准重点制定基础通用、与强制性国家标准配套的标准；推荐性行业标准重点制定本行业领域的重要产品、工程技术、服务和行业管理标准；推荐性地方标准可制定满足地方自然条件、民族风俗习惯的特殊技术要求。
>
> （四）培育发展团体标准。在标准制定主体上，鼓励具备相应能力的学会、协会、商会、联合会等社会组织和产业技术联盟协调相关市场主体共同制定满足市场和创新需要的标准，供市场自愿选用，增加标准的有效供给。在标准管理上，对团体标准不设行政许可，由社会组织和产业技术联盟自主制定发布，通过市场竞争优胜劣汰。

2. 国家标准化体系建设发展规划（2016-2020 年）对标准体系的要求

2015 年 12 月 17 日，国务院以国办发〔2015〕89 号印发《国家标准化体系建设发展规划（2016-2020 年）》（以下简称《规划》），《规划》突出指导性、预测性、宏观性，紧贴经济社会发展的标准化需求，聚焦标准化突出问题，对国家标准化体系建设作出全面部署。《规划》名称为"国家标准化体系"而不是"国家标准体系"，突出国家标准化体系建设，包括完备的标准体系、有效的标准实施体系、严密的标准监督体系、高效的标准化服务体系、有力的标准化保障体系、完善的国际标准化工作体系等内容。按规划所列重点领域与重点工程，建筑垃圾回收与再生利用是社会领域、生态领域标准化的重点，同时也是节能减排标准化重大工程，在十三五期间，应做好回收与再生利用标准体系的完善工作。

（二）重点领域

专栏 4　社会领域标准化重点

城镇化和城市基础设施，重点开展城市和小城镇……市容和环境卫生、风景园林、邮政、城市导向系统、城镇市政信息技术应用及服务等领域的标准制修订，提升城市管理标准化、信息化、精细化水平。提高建筑节能标准，推广绿色建筑和建材。

专栏 5　生态保护与节能减排领域标准化重点

环境保护，制修订环境质量、污染物排放、环境监测方法、放射性污染防治标准，开展海洋环境保护和城市垃圾处理技术标准的研究，制修订再制造、大宗固体废物综合利用、园区循环化改造、资源再生利用、废旧产品回收、餐厨废弃物资源化等标准，为建设资源节约型和环境友好型社会提供技术保障。

重大工程

（三）节能减排标准化工程。

…研究制定环境质量、污染物排放、环境监测与检测服务、再利用及再生利用产品、循环经济评价、碳排放评估与管理等领域的标准。制修订相关标准 500 项以上，有效支撑绿色发展、循环发展和低碳发展。围绕国家生态文明建设的总体要求，开展 100 家循环经济标准化试点示范。加强标准与节能减排政策的有效衔接，针对 10 个行业研究构建节能减排成套标准工具包，推动系列标准在行业的整体实施。完善节能减排标准有效实施的政策机制。

3.《关于培育和发展团体标准的指导意见》对团体标准发展的指导

为落实《国务院关于印发深化标准化工作改革方案的通知》（国发〔2015〕13 号）（以下简称《指导意见》），促进社会团体批准发布的工程建设团体标准（以下简称团体标准）健康有序发展，建立工程建设国家标准、行业标准、地方标准（以下简称《政府标准》）与团体标准相结合的新型标准体系，住房和城乡建设部办公厅发布了《关于培育和发展工程建设团体标准的意见》，明确放开团体标准制定主体、扩大团体标准制定范围、推进政府推荐性标准向团体标准转化以营造良好环境，增加团体标准有效供给；并提出完善实施机制，促进团体标准推广应用。《指导意见》为团体标准的培育和发展提供了政策保障，建筑垃圾回收与再生利用标准应当顺应标准发展的要求，大力发展团体标准。

一、总体要求

（一）指导思想 全面贯彻落实党的十八大和十八届二中、三中、四中、五中全会精神，按照党中央、国务院决策部署，以服务创新驱动发展和满足市场需求为出发点，以"放、管、服"为主线，激发社会团体制定标准、运用标准的活力，规范标准化工作，增加标准有效供给，推动大众创业、万众创新，支撑经济社会可持续发展。

（三）主要目标 到2020年，市场自主制定的团体标准发展较为成熟，更好满足市场竞争和创新发展的需求。团体标准数量和竞争力稳步提升，团体标准制定机构影响力明显增强，团体标准化工作机制基本完善。

四、优化标准服务，保障团体标准持续健康发展

（十三）提供信息服务 利用强制性国家标准全文公开平台，为社会团体提供强制性国家标准查询和全文查阅等信息服务。

（十四）加强信息统计 鼓励社会团体每年底汇总标准化制度建设情况、团体标准发布和实施情况、参与国家标准和国际标准制定情况等信息。

（十五）强化宣传和技术支持 全方位、多渠道、多维度宣传团体标准化成果，提升全社会对团体标准的认知度。

（十六）探索转化机制 建立团体标准转为国家标准、行业标准和地方标准的机制，明确转化的条件和程序要求。

4.《关于深化工程建设标准化工作改革的意见》对标准体系的要求

2016年8月9日，住房和城乡建设部印发《关于深化工程建设标准化工作改革的意见》（以下简称《意见》），进一步改革工程建设标准体制，健全标准体系，完善工作机制。《意见》对建筑垃圾回收与再生利用标准体系中强制性标准的设置和团体标准的定位提出了要求。

一、总体要求

（三）总体目标

标准体制适应经济社会发展需要，标准管理制度完善、运行高效，标准体系协调统一、支撑有力。按照政府制定强制性标准、社会团体制定自愿采用性标准的长远目标，到2020年，适应标准改革发展的管理制度基本建立，重要的强制性标准发布实施，政府推荐性标准得到有效精简，团体标准具有一定规模。到2025年，以强制性标准为核心、推荐性标准和团体标准相配套的标准体系初步建立，标准有效性、先进性、适用性进一步增强，标准国际影响力和贡献力进一步提升。

二、任务要求

（一）改革强制性标准。

加快制定全文强制性标准，逐步用全文强制性标准取代现行标准中分散的强制性条文。新制定标准原则上不再设置强制性条文。

强制性标准具有强制约束力，是保障人民生命财产安全、人身健康、工程安全、生态环境安全、公众权益和公共利益，以及促进能源资源节约利用、满足社会经济管理等方面的控制性底线要求。强制性标准项目名称统称为技术规范。

（四）培育发展团体标准

改变标准由政府单一供给模式，对团体标准制定不设行政审批。鼓励具有社团法人资格和相应能力的协会、学会等社会组织，根据行业发展和市场需求，按照公开、透明、协商一致原则，主动承接政府转移的标准，制定新技术和市场缺失的标准，供市场自愿选用。

团体标准要与政府标准相配套和衔接，形成优势互补、良性互动、协同发展的工作模式。要符合法律、法规和强制性标准要求。要严格团体标准的制定程序，明确制定团体标准的相关责任。

团体标准经合同相关方协商选用后，可作为工程建设活动的技术依据。鼓励政府标准引用团体标准。

总体来看，由于建筑垃圾资源化利用本身为复杂系统，单靠政府制定一系列标准难以满足不同地方政策性及适用性的要求。根据《国务院关于印发深化标准化工作改革方案的通知》及《关于深化工程建设标准化工作改革的意见》中提出的基本原则，呼吁政府转变职能，坚持放管结合。以政府为主体，制定建筑垃圾循环利用及再生产品的相关国家、行业标准，强化强制性标准的"基线"不动摇。另一方面在相关强制性标准的基础上，鼓励倡导相关行业社会团体、企业和协会等制定适应本地区建筑垃圾资源化利用的具体规范及标准，培育发展团体标准，搞活企业标准，增加标准有效供给，满足技术创新和市场发展需求。坚持以国家和行业标准为干，以地方和相关协会标准为枝，相互协调，统筹兼顾，完善标准体系框架，做好各领域、各建设环节标准编制，满足各方需求。

第5章 建筑垃圾资源化标准体系构建理论与方法

5.1 标准体系构建理论

5.1.1 标准

1. 标准的定义

技术意义上的标准是一种以文件形式发布的统一协定，其中包含可以用来为某一范围内的活动及其结果制定规则、导则或特性定义的技术规范或者其他精确准则，其目的是确保材料、产品、过程和服务能够符合需要。《标准化工作指南第1部分：标准化和相关活动的通用术语》GB/T 20000.1－2014对标准定义的描述是："通过标准化活动，按照规定的程序经协商一致制定，为各种活动或其结果提供规则、指南或特性，供共同使用或重复使用的文件"，并注明："标准宜以科学、技术和经验的综合成果为基础"。世界贸易组织（WTO）对标准的定义为："由公认机构批准的，非强制性的，为了通用或反复使用的目的，为产品或相关生产方法提供规则、指南或特性的文件。标准也可以包括或专门规定用于产品、加工或生产方法的术语、符号、包装标准或标准要求"。因此标准是按照规定的程序，经协商一致制定，并由公认机构批准，共同使用和重复使用的规范性文件。标准伴随着生产的发展和科学技术的进步而发生，又随着生产的发展和科学技术的进步而向前发展。标准具有如下特征：

1）具有权威性和民主性的特点。标准要由权威机构批准发布，在相关领域有技术权威，为社会所公认。推荐性国家标准由国务院标准化行政主管部门发布；行业标准由国务院有关行政管理部门发布，报国务院标准化行政主管部门备案；地方标准由省、自治区、直辖市人民政府标准化行政主管部门制定。强制性国家标准一经发布，必须强制执行。标准的制定要经过利益相关方充分协商，并充分听取各方意见。

2）具有共同使用和重复使用的特点。所谓"共同使用"针对在不同空间、不同使用主体进行的同一活动要共同使用，"重复使用"是在不同时间进行的同一活动重复使用。

3）具有科学性和实用性的特点。标准的核心是对同一活动作出统一规定，是以科学技术为依据制定的行为准则，可以对一定范围内的该项活动进行有效的指导、监督和管理。因此标准是科技、技术和实践经验的综合成果。

4）制定标准的目的是获得最佳秩序，这种最佳秩序的获得是有一定范围的，即在一定的范围内获得最佳秩序。最佳至少要包括技术先进、经济合理和安全可靠等内容。因此最佳的前提是"一定范围"，也就是它的适用性，包括区域范围和事件范围。区域可以是全球的、某个区域的、某个国家的、某个地方的、某个行业的、某个企业的等等。事件范围是指条款涉及的内容，这些内容可以是有形的、无形的、硬件或软件等。

5）标准的制定需要有一定的程序，要有一个协商一致的过程，并且要由公认机构发布。国际上以及各国的标准化组织都规定了制定各类标准的程序，制定标准时必须严格按照这些程序去做。针对国家标准、行业标准、地方标准、团体标准和企业标准，我国分别颁布了《国家标准管理办法》《行业标准管理办法》《地方标准管理办法》《团体标准管理规定》《企业标准化管理办法》。标准能否最后通过并发布，取决于协商一致的结果。协商一致是指实质性问题没有坚持反对者，并对任何异议都能协调一致。协商的对象要包括与标准有关的各利益方，协调一致的目的是在获得最佳程序的同时获得最大社会效益。

2. 标准的对象

"重复性事物"是制定标准对象的基本属性。在我国，各级标准制定的对象都有明确的规定。

1）国家标准的制定对象

国家标准是需要在全国范围内统一的技术要求。国家标准由国务院标准化行政主管部门统一制定发布。按照标准效力，国家标准分为强制性和推荐性两种。强制性国家标准由政府主导制定，主要为保障人身健康和生命财产安全、国家安全、生态环境安全等。强制性国家标准一经发布，必须执行。推荐性国家标准由政府组织制定，主要定位在基础通用、与强制性国家标准配套的标准，以及对行业发展起引领作用的标准。推荐性国家标准鼓励社会各方采用。

2020 年 12 月 15 日，国家市场监督管理总局发布的《国家标准管理办法（征求意见稿）》规定："对农业、工业、服务业以及社会事业等领域需要在全国范围内统一的技术要求，应当制定国家标准（含标准样品）"，具体包括下列内容：

a）通用的技术术语、符号、分类、代号（含代码）、文件格式、制图方法等通用技术语言要求和互换配合要求；

b）能源、资源、环境的通用技术要求；

c）通用基础件，基础原料、材料的技术要求；

d）通用的试验、检验方法；

e）社会治理、服务，以及生产和流通的管理等通用技术要求；

f）工程建设的勘察、规划、设计、施工及验收的通用技术要求；

g）对各有关行业起引领作用的技术要求；

h）国家需要规范的其他技术要求。

2）行业标准的制定对象

按《行业标准管理办法》的规定，需要在行业范围内统一下列七个方面的技术要求，可以制定为行业标准（含标准样品的制作）。对没有国家标准、需要在全国某个行业范围内统一的技术要求，可以制定行业标准。行业标准由国务院各部委制定发布，发布后需到国务院标准化行政主管部门备案。具体包括下列内容：

a）技术术语、符号、代号（含代码）、文件格式、制图方法等通用技术语言；

b）工、农业产品的品种、规格、性能参数、质量指标、试验方法以及安全、卫生要求；

c）工、农业产品的设计、生产、检验、包装、储存、运输、使用、维修方法以及生产、储存、运输过程中的安全、卫生要求；

　　d）通用零部件的技术要求；

　　e）产品结构要素和互换配合要求；

　　f）工程建设的勘察、规划、设计、施工及验收的技术要求和方法；

　　g）信息、能源、资源、交通运输的技术要求及其管理方法等要求。

　　3）地方标准的制定对象

　　《地方标准管理办法》规定，在既无相应的国家标准，又无相应行业标准的情况下，需要在省、自治区、直辖市统一下列技术要求，可以制定为地方标准（含标准样品的制作），地方标准制定的重点是与地方自然条件、风俗习惯相关的特殊技术要求。地方标准由省级和设区的市级标准化行政主管部门制定发布，发布后需到国务院标准化行政主管部门备案。地方标准只在本行政区域内实施。具体包括下列内容：

　　a）工业产品的安全、卫生要求；

　　b）药品、兽药、食品卫生、环境保护、节约能源、种子等法律法规规定的要求；

　　c）其他法律法规规定的要求。

　　4）团体标准的制定对象

　　《团体标准管理规定》规定："制定团体标准应当以满足市场和创新需要为目标，聚焦新技术、新产业、新业态和新模式，填补标准空白""国家鼓励社会团体制定高于推荐性标准相关技术要求的团体标准；鼓励制定具有国际领先水平的团体标准""对于术语、分类、量值、符号等基础通用方面的内容应当遵守国家标准、行业标准、地方标准，团体标准一般不予另行规定"。团体标准由学会、协会、商会、联合会、产业技术联盟等合法注册的社会团体制定发布。凡是满足市场和创新需要的技术要求，都可以制定团体标准。团体标准由本团体成员约定采用，或者按照本团体的规定供社会各方自愿采用。

　　5）企业标准的制定对象

　　企业标准由企业根据需要自行制定，或者与其他企业联合制定。国家鼓励企业制定高于推荐性标准相关技术要求的企业标准。企业标准在企业内部使用，但对外提供的产品或服务涉及的标准，则作为企业对市场和消费者的质量承诺。具体包括下列内容：

　　a）企业生产的产品，在没有相应国家标准、行业标准和地方标准可供采用或相应标准不适用时（强制性标准除外），可以作为制定企业标准的对象；

　　b）对国家标准、行业标准的选择或补充的技术要求，可以作为制定企业标准的对象；

　　c）对工艺、工装、半成品和方法等技术要求，以及生产经营活动中的各种管理要求和工作要求也可以作为制定企业标准的对象；

　　d）为提高产品质量和技术进步，企业可以制定严于国家标准、行业标准或地方标准的产品标准。

　　3. 标准的分类

　　按不同的目的和用途，标准可以从不同的角度进行分类。目前，我国应用较多的分类方法主要有按标准的约束力分类和按标准化对象分类两种。

　　1）按标准的约束力分类

　　按标准的约束力划分，国家标准、行业标准可分为强制性标准、推荐性标准和指导性技术文件三种，这是我国特殊的标准种类划分法。

a）强制性标准

强制性标准是指根据普遍性法律规定或法规中的唯一性引用加以强制应用的标准。《中华人民共和国标准化法》第十条规定：对保障人身健康和生命财产安全、国家安全、生态环境安全以及满足经济社会管理基本需要的技术要求，应当制定强制性国家标准。

2020年1月6日，国家市场监督管理总局发布了《强制性国家标准管理办法》，它对强制性标准的制定原则、申报、立项、起草、公开征求意见、审查、报批等编制各环节及文本表述都有明确的要求，并规定"技术要求应当全部强制，并且可验证、可操作。"

b）推荐性标准

除强制性标准范围以外的标准是推荐性标准。推荐性标准是在生产、交换、使用等方面，通过经济手段调节而自愿采用的一类标准，又称自愿性标准或非强制性标准。对于这类标准，任何单位有权决定是否采用，违反这类标准不构成经济或法律方面的责任。但是，一经接受并采用，或各方商定同意纳入商品、经济合同之中，就成为共同遵守的技术依据，具有法律上的约束性，各方必须严格遵照执行。推荐性标准具有采用和执行的灵活性特性。

c）指导性技术文件

《国家标准化指导性技术文件管理规定》规定"指导性技术文件，是为仍处于技术发展过程中（如变化快的技术领域）的标准化工作提供指南或信息，供科研、设计、生产、使用和管理等有关人员参考使用而制定的标准文件"。通常指导性技术文件可以是技术尚在发展中，需要有相应的标准文件引导其发展或具有标准化价值，尚不能制定为标准的项目；也可以是采用国际标准化组织、国际电工委员会及其他国际组织（包括区域性国际组织）的技术报告的项目。

2）按标准化对象分类

按标准化的对象分类，标准可分为技术标准、管理标准、工作标准和服务标准四大类。

a）技术标准

技术标准是指对标准化领域中需要协调统一的技术事项所制定的标准，技术标准包括基础技术标准、产品标准、工艺标准、检测试验方法标准，及安全、卫生、环保标准等。其中基础标准是指具有广泛的适用范围或包含一个特定领域的通用条款的标准，基础标准在一定的范围内可以直接应用，也可以作为其他标准的依据和基础，具有普遍的指导意义。产品标准是规定产品应满足的要求以确保其适用性的标准，可包括术语、技术要求、抽样、测试方法、包装等内容，是产品生产、检验和评定质量的技术依据。工艺标准是根据产品加工工艺的特点对产品的工艺方案、工艺过程的程序、工序的操作要求、操作方法和检验方法、工艺装备和检测仪器等加以优化和统一后形成的标准。方法标准是以测量、试验、检查、分析、抽样、统计、计算、设计及操作等方法为对象所制定的标准。安全标准是以保护人和物的安全为目的而制定的标准，安全标准有两种形式：一种是独立制定的安全标准，另一种是在产品标准或其他标准中列出有关安全的要求和指标，其内容包括：安全标志、安全色、劳动保护、安全规程、安全方面的质量要求、安全器械等。卫生标准是为保护人的健康，针对食品、医药及其他方面的卫生要求制定的标准，其范围包括：食品卫生标准、药物卫生标准、放射性卫生标准、劳动卫生标准、环境卫生标准等。环境保护标准是为保护人类的发展和维护生态平衡而制定的标准,是根据国家的环境政策和有关法令,在综合分析自然环境特征、控制环境污染的技术水平、经济条件和社会要求的基础上,规定环境中污染物的容许量和污染源排放污染物的数量及浓度等的技术要求。

b) 管理标准

管理标准是针对标准化领域中需要协调统一的科学管理方法和管理技术所制定的标准。制定管理标准的目的,是为了保证技术标准的贯彻执行,保证产品质量,提高经济效益,合理地组织、指挥生产和正确处理生产、交换、分配之间的相互关系,使各项管理工作合理化、规范化、制度化和高效化。管理标准主要包括基础管理标准、技术管理标准、生产安全管理标准、质量管理标准、设备能源管理标准和劳动组织管理标准等。基础管理标准是对一定范围内的管理标准化对象的共性因素所做的统一规定,在一定范围内作为制定其他管理标准的依据和基础,具有普遍的指导意义。技术管理标准是为保证设计、工艺、检验、计量、标准化、资料档案等各项技术工作具有合理的工作秩序、科学的管理方法、最佳的工作效率而制定的各项管理标准。生产管理标准是企业为了正确编制生产计划、合理组织生产、降低物质消耗、增加产能、安全作业而制定的标准。质量管理标准是为使产品质量、工作质量、成本交货期和服务质量达到规定要求,实行质量管理所制定的标准。

c) 工作标准

工作标准是指对工作的责任、权利、范围、质量要求、程序、效果、检查方法、考核办法所制定的标准。工作标准一般包括部门工作标准和岗位(个人)工作标准。

d) 服务标准

服务标准是指规定服务应满足的要求以确保其适用性的标准。服务标准在诸如洗衣、饭店管理、运输、汽车维护、远程通信、保险、银行、贸易等领域内编制。

5.1.2　标准化

1. 标准化的定义

所谓标准化,就是制定标准、实施标准并进行监督管理的过程。因此标准化是一项为了达到标准化目的进行有组织的活动,这种活动主要以制定和贯彻每一个具体标准来体现。依据国际标准化组织(ISO)和国际电工委员会(IEC)发布的 ISO/IEC 指南《标准化和相关活动的通用词汇》、中华人民共和国国家质量监督检验检疫总局和中国国家标准化管理委员会发布的《标准化工作指南 第 1 部分:标准化和相关活动的通用术语》GB/T 20000.1-2014,关于标准化的定义是:为了在一定范围内获得最佳秩序,对潜在问题或现实问题制定重复使用和共同使用的条款的活动。标准化活动主要包括制定、发布及实施标准的过程。标准化的目的是建立有利于人类社会发展、有利于社会经济发展的最佳秩序,从而取得经济效益和社会效益。基于这样的目的,标准化工作不是盲目追求标准的数量,是要从标准系统全局出发,深度上无止境、广度上系统化,重视整体与实践的效果,形成效益型规模经济的有力支撑。

2. 标准化的基本原理

标准化作为一门学科,带有明显的社会科学特性和管理科学特性。在标准化实践活动中,为了准确选择标准化对象,以及对标准的计划、实施、管理、修订、废止等环节采取适当的措施，使其更加有组织、有计划，就必须加强理论的研究。1974年，中国标准化工作者第一次提出了"标准化的基本方法是选优、简化、统一""标准化最基本的特点是在选优基础上的统一和简化"，其后，许多人开始对这些问题进行探索，普遍认为"统一""简化""选优"再加上"协调"是标准化的基本原理。基于标准化的传统理论和现代标准化的发展趋势，有研究提出标准化的方法原理包括统一效能、简化节约、协调一致、总体最优、有效竞争五个方面。

1）统一效能原理

标准化的目的是要使复杂的事物达到统一，通过统一实现结构的优化，从而实现最佳的经济和社会效能。统一效能原理包含以下要点：

——统一是前提，统一是为了确定一组对象的一致规范，其目的是保证事物所必需的秩序。

——统一是相对的，是一个渐进的过程。确定的一致规范，只适用于一定时期和一定条件，随着时间的推移和条件的改变，旧的统一就要由新的统一所取代。

——统一的目标是实现应有的效能，且必须做到等效。也就是说，通过标准化的方法，被统一的事物在功能上要与统一后的事物在效能上相等。

2）简化节约原理

简化节约原理是为了经济有效地满足需要，对标准化对象的结构、形式、规格或其他性能进行筛选提炼，剔除其中多余的、低效能的环节，精炼并确定出满足全面需要所必要的高效能的环节，保持整体构成精简合理，使之功能效率最高。简化是手段，节约是目标。简化节约原理包含以下要点：

——简化是标准化最基本的手段，可以使标准化对象减少复杂性，加强物品的互联互通和兼容性，降低社会成本，更好地满足消费者的利益。通过简化，就会在保证产品必要功能的前提下，降低产品成本、消费者负担的成本和整个社会的成本，这对全社会来讲就是社会资源的节约和集约利用。

——简化的原则是从全面满足需要出发，实现产品的最佳功能。这就要从全局上来看，要通过简化实现全局功能的最优化，保持整体构成精简合理，使之功能效率最高。所谓功能效率，是指功能满足全面需要的能力。

——简化要有必要的界限。简化并不是越简化越好，它需要有一个适当的范围，这个范围要通过标准所确定对象的规模与客观实际的需要相比较来确定。

3）协调一致原理

在标准系统中每一项标准都是一个基本的组成单元，它一方面要受到系统的制约，同时又会影响整个系统功能的发挥。标准系统的功能并非取决于各个部分简单地相加，而是取决于各部分之间相互适应、相互结合的程度。协调一致原理包含以下要点：

——协调的目的是达到一致，使标准的整体功能达到最佳，从而增强标准的社会认可度和实施效果。

——相关因素之间需要建立相互一致关系（连接尺寸）、相互适应关系（供需交换条件）、相互平衡关系（技术经济指标平衡，有关各方利益矛盾的平衡）。

4）总体最优原理

总体最优原理就是按照特定的目标，在一定的限制条件下，对标准系统的构成因素及其关系进行选择、设计或调整，使之达到最理想的效果。在标准化的过程中，必须十分注重"总体最优"的思想。总体最优原理包含以下要点：

——确定总体最优目标。要从整体出发提出最优化的目标及效能准则（即衡量目标的标准）。

——提出若干可行方案，并进行评价和决策。经过对方案的分析、比较，从中选出最优方案。

5）有效竞争原理

在经济全球化条件下，标准化的作用还在于发挥市场竞争中的行业准入规则作用。在市场经济条件下，标准化是市场竞争的有效手段，谁掌握了标准，谁就掌握了行业准入的规则和市场竞争的主动权。标准在竞争中的作用必须体现出有效性，通过制定标准能使标准应用主体抢占竞争的制高点，获得应有的利益，不能"为标准而标准"。

纵观标准化的基本原理，简化节约和统一效能是和标准的产生同时存在的，它反映了标准化最朴素、最直观的作用；协调一致则是随着社会分工的细化、人类活动的多样化以及管理的科学化而产生的，它从更高层次甚至全局的范围内处理好有关联的事物间的稳定和平衡；总体最优是标准化的最终目的，是其所有功能的集中表现；有效竞争则是市场化高度发展的今天所必需的。

3. 标准化的主要作用

标准化是人类由自然人进入人类社会共同生活过程中的必然产物，推动着人类社会文明的进步和现代经济的发展，是一个非常重要的社会化行为。标准化既是科技成果的组成部分，又是科技与经济结合的纽带。加速科技成果的转化是生产发展的必然要求，而标准化又是实现这种转化的重要杠杆。在社会发展、经济转型的当下，标准化的作用体现在以下几个方面：

1）强制性标准在保障人身健康、生命财产安全、生态环境安全等方面具有底线作用。强制性标准制定的好不好，执行到不到位，切实关系人民健康安全。

2）在带动企业和行业的技术进步和质量升级方面具有促进作用。标准规范具有很强的影响力和约束力，一个主要指标的提升，可能带动企业的技术改造和升级，带来整个行业的变革。

3）在促进科技成果转化、培育发展新的经济增长点方面具有引领作用。过去，一般是先有产品，后有标准；现在有一种新的趋势，标准与技术和产品同步，甚至是先有标准才有相应的产品。发挥创新驱动作用。创新与产品相结合，更好推动科技成果向产业转化。

4）在促进社会治理、公共服务等方面具有支撑作用。在社会综合治理、美丽乡村建设等工作中，标准化逐步成为重要的抓手。

5）在国际贸易、技术交流等方面具有促进作用。

因此标准化是支撑和引领经济社会发展的重要技术基础。就建筑垃圾资源化而言，标准化是促进建筑垃圾资源化产业发展，城市高质量发展、创新型城市建设的重要推动力。用先进标准引领行业技术水平，提升产品质量，突破工程应用壁垒，培育循环经济领域新业态，对完善城市治理体系，提高城市建设质量，促进绿色发展有着十分重要的意义。同时标准体系的完善，占据行业技术的制高点，对加快创新速度、引领创新方向有着重要作用，利于提高在建筑垃圾资源化领域国际交往中的站位和国际竞争能力。

5.1.3 标准体系

1. 标准体系的定义

《标准体系构建原则和要求》GB/T 13016－2018 中，将标准体系定义为"一定范围内的标准按其内在联系形成的科学的有机整体"。"一定范围内的标准"指的是实现某一特定目的所需的全部标准。"内在联系"是指标准之间不是孤立的，存在上下、平行层次之间的联系。"科学的有机整体"是体系不是标准简单地叠加，而是根据标准的内在联系和基本要素，按照一定的属性关系进行分类摆放，组成具有一定集中程度的整体结构。

标准体系通常主要由三部分组成：一是标准体系的表达部分；二是标准体系的功能部分；三是标准体系的规划部分。标准体系的表达部分是标准体系表，包含了标准体系规定范围内的现行标准的列项和需制定标准的列项，并以图表格式进行排列。标准体系的功能部分是标准实体，它体现了标准体系的主体价值，直接服务于标准化对象的使用。标准体系的规划部分是标准制定规划，以表格形式列出需制定的标准，为标准制定论证和计划编制提供指导和依据。

2. 标准体系的特征

标准体系是一个由标准组成的系统，其特征如下：

——目的性。每个确定的标准体系都是围绕着一个特定的标准化目的而形成的。如产业标准体系要以规范、推动产业发展为目标，企业标准体系要以提高产品质量、提高企业经济效益为目标。标准体系的目的不仅决定由哪些标准来构成体系，以及体系范围的大小，而且还决定了组成该体系的各标准以何种方式发生联系。

——整体性。标准体系是由标准构成的系统，其整体性体现在成套性上，即要求组成标准体系的子体系之间应相互成套、相互支持、相互协调，围绕共同的体系目标发挥整体效应。标准体系实质上是标准的逻辑组合，是为使标准化对象具备一定的功能和特征而进行的组合。标准体系的组成要素是标准或两个以上的分体系，而分体系也由标准组成。因此也可以说标准体系是集合体，是一个为特定目标服务的标准家族。标准的整体性一方面表现在，标准体系将一定范围内的相互关联的标准对象作为一个整体，标准不是孤立的，是相互联系的；另一方面表现在，其组成标准要完整齐备，要包容全部必需的标准，且相互配合、互相补充而成一体。

——协调性。协调性是指标准体系中的标准之间互相一致、互相衔接和互为条件的协调发展。协调有两种形式，一是相关性协调，表现在标准之间的内在联系，从上到下的指导制约或贯彻关系；二是扩展性协调，随着技术、管理各方面的发展，产生新的需求，包括制定、修订、废止等，因此标准体系需具备扩展空间。

——可分解性。任何标准体系都可按不同目的或方法进行分解，可以按功能或组织逐级分解成次级、第二次级系统，直至要素。一般来说，标准体系的分解方法有两种，一种是按标准的层次结构进行分解，另一种是按时空流动顺序进行分解。前一种分解主要依据标准间的共性关系，找出和集合同一共性范围的共性标准而形成层次，对应不同的共性范围（如全国、行业、专业、地区、企业等）就形成了不同的层次。后一种如对一个产品生产流程中的标准体系进行分解时，可分解出设计、制造、检验、包装、贮运等标准体系。

——环境适应性。标准体系存在于一定的经济体制和社会政治环境之中，它必然要受经济体制和社会政治环境的影响与制约。标准体系的环境指系统存在和发展的外界条件的总和，是一系列经常变化的动态系统。不同标准体系的环境不一样，因此，每一具体的标准体系必须适应其周围的经济体制和社会政治环境。对于行业标准体系来说，行业发展情况、行业的规章制度、国家或国际发布的基础标准等，都可看作是行业标准体系的环境。在构建行业标准体系时，首先应充分调研相关材料，在行业规章制度及政策的指导下，在满足法律法规的基础上，充分采用国际或国家制定的基础标准，同时充分调研行业发展情况和需要，并将信息反馈于标准体系构建中，及时调整标准体系，以适应行业发展的需要。

3. 标准体系表

标准体系表是将标准体系内的标准，是按一定形式排列起来的图表。它以图表的方式反映标准体系的构成、各组成要素之间的相互关系，以及体系的结构全貌，从而使标准体系形象化、具体化。

标准体系表是一种指导性技术文件，反映了某一范围内标准的全貌，可以指导标准制定、修订计划的编制，指导对现有标准体系的改造和健全。通过标准体系表，可以使标准体系的组成由重复、混乱，走向科学、合理和简化，有利于加强对标准化工作本身的管理。研究和编制标准体系表是系统科学在标准化工作中的一种应用，对一定范围内的标准进行系统的分析研究后，找出最科学合理的安排，并且以一目了然的图表形式表示出来，形成标准体系表。

标准体系表中有关标准一目了然，生产和科研人员在产品生产与设计时，可直接参照和采用。标准体系表反映了某一行业、专业范围内整体标准体系的状况，可供了解标准水平的现状，从而进一步预测该行业、专业的标准化活动未来，明确努力方向和工作重点。

4. 标准体系的结构

标准体系的结构是标准体系内部标准按照一定的结构进行逻辑组合，而不是杂乱无序的堆积。标准体系同其他系统一样，其内部结构是一个空间结构，具有纵向的层次关系和横向的门类关系，同时还具有序列关系。层次关系是指整个标准体系表分为若干层，位于各层的标准，从上至下，标准的共性逐渐减少而个性则逐渐增大。位于上一层的标准对下一层的标准起着指导和制约的作用，位于下一层的标准是对上一层的标准的支撑和具体化。门类关系是指标准体系表中位于同一层次上的标准，又按照它们所反映的标准化对象的属性，分成若干门类。位于同一层次的各门类之间的标准，其关系不是指导和遵从，而是相互联系、相互影响、相互协调的关系。各门类的标准彼此都向对方提出一定的要求，且又以一定的方式各自满足对方的要求，从而达到各门类标准之间的协调。序列关系有两种，一是反映标准化对象在其运动过程中本身所固有的先后顺序关系，二是由标准的相互制约关系所决定的制定标准的时间先后关系。

虽然标准体系结构都是以上关系的呈现，但由于标准化对象的复杂性，体系内不同的标准子系统的逻辑结构可能体现出不同的表现形式。主要有以下几种：

1) 分类层次结构。横向表示分类，纵向表示隶属，见图 5.1.3-1。每个层面的实线框里都有相应的标准。分类层次结构是表达标准化对象内部上级与下级、共性与个性等关系的良好表达形式。层次结构类似树结构，父节点层次所在的标准相较子节点层次的标准，更能够反映标准化对象的抽象性和共性，反之，子节点层次的标准能更多地反映事物的具体性和个性。层级深度如何，也体现了对标准化对象的管理精度。标准层次结构的完备性，标志着标准体系的灵活与弹性，是标准体系适应现实多样性的一个重要方面。分类层次结构适用面比较广，适合于国家标准体系、行业标准体系。

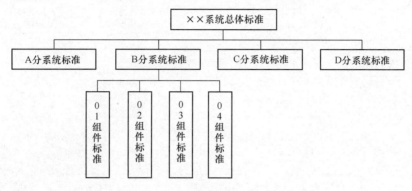

图 5.1.3-1 分类层次结构标准体系

2）神经路径结构。神经路径结构与分类层次结构类相似，见图 5.1.3-2。每个层次的虚线框层和虚线框里都没有标准，只起到了分类和路径引导作用，实线框层才有标准。神经路径结构适用于层次单一的产品标准体系和品种多、技术简单的产品标准体系。

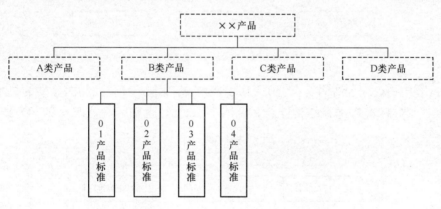

图 5.1.3-2 神经路径结构标准体系

3）星形结构。星形结构呈辐射状，每个标准实线框是相互独立的标准群，没有隶属、逻辑和关联关系。见图 5.1.3-3。星形结构标准体系适合无关联关系的标准群，每个标准实线框里可以建立分类层次结构或其他结构的内部标准体系结构关系。星形结构也可建立分层关系，以内圈和外圈关系分出层次。

4）环形结构。环形结构由顺序连接闭环的标准类群组成，环形结构不一定都是圆形的，只要是封闭关系的线性流程标准体系即可，见图 5.1.3-4。环形结构内各标准按照过程的内在联系和顺序关系进行排列，体现了标准化对象在活动流程中的时间性。这种标准体系适合循环再生产品企业的标准体系。

5）矩阵结构。矩阵结构是由横向和纵向整齐排列的标准类群组成，可以是纵向连接，也可以是横向连接，见图 5.1.3-5。如果是单向连接的矩阵结构，只要将图中的另一方向线抹去，就成了序列结构或线性结构。矩阵结构标准体系适合同类型的一组标准化对象。

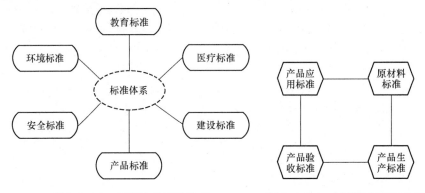

图 5.1.3-3　星形结构标准体系　　　　图 5.1.3-4　环形结构标准体系

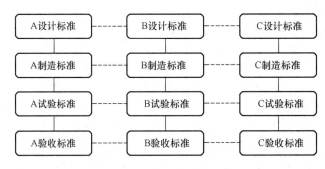

图 5.1.3-5　矩阵结构标准体系

6）综合结构。综合结构是在分类层次结构的基础上，对同一层次分类的技术标准、管理标准、工作标准等进行结构综合，见图 5.1.3-6，也称为功能归口结构。技术、管

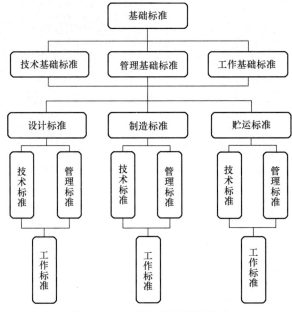

图 5.1.3-6　综合结构标准体系

理、工作标准综合在一起的结构像一叉形，叉的上部为技术标准和管理标准，叉下部为工作标准，工作标准一般是技术和管理行为的执行。综合结构的标准体系适合按业务类型综合在一起的企业标准体系，而不是分别建立技术标准体系、管理标准体系和工作标准体系的企业标准体系。

7）混合结构。混合结构是多种结构复合的结构，可以是两种结构，也可以是多种结构，甚至是全部结构。混合结构的标准体系适合于多种业务类型的标准化对象集于一体的标准体系，如多元化经营集团公司的标准体系，标准体系的主体结构可用分类层次结构的标准体系，从事产品开发生产的业务板块适用综合结构的标准体系，从事物流业务的板块适用环形结构标准体系，职能部门的工作标准适合星形结构标准体系等。

5.2 标准体系构建方法与过程

5.2.1 标准体系的构建方法

标准化系统工程是系统工程理论与标准化科学的有机结合，是解决复杂系统标准化问题十分有效的方法，是标准制定由个体阶段发展到群体阶段的产物。

（1）过程方法

过程方法在企业标准体系的构建中应用十分广泛。国际标准化组织质量管理和质量保证技术委员会（ISO/TC176）认为，所有工作都是通过"过程"来完成的，并基于这种认识界定了"过程"的含义，即一组将输入转化为输出的相互关联或相互作用的活动。在企业标准体系构建中，通常根据产品实现过程的一般顺序，即设计、采购、工艺、测量、检验、包装、贮运与标志、安装、交付、服务等，分别确定相对应的标准模块与其中的各项具体标准，进而形成相应的标准体系。

在实际应用中，过程方法的应用已经远远超出了企业标准体系构建，只要是能够进行过程划分的行业或门类，均可运用过程方法构建标准体系。

（2）分类方法

分类方法构建标准体系包括三个步骤：一是确定合理的分类；二是确定每一子类所包含的具体标准；三是按照层次或序列结构，确定各具体标准在标准体系的位置。

对于分类方法而言，合理确定分类依据是关键。分类主要按照社会经济活动的同一性来划分；且应注意同一标准不要同时列入两个以上体系或分体系内，避免同一标准由两个以上单位同时重复制修订。如果说过程方法更适合以产品为核心的企业标准体系构建，那么分类方法更适合于不同行业、专业门类间的标准体系构建。但事实上，在企业标准体系的构建中也大量用到分类的方法。

在标准体系构建中，过程方法和分类方法是最为基础的两种方法，其他方法都是在此基础上演变而成的。

（3）模块化方法

运用模块化方法，首先要进行系统的分解与协调，即根据一定范围标准体系的目的，对该系统及相关系统的重复性事物和概念，进行全面分析、分解，并简化、统一、归并成若干典型的要素，并协调各要素之间的接口关系。第二，要合理确定模块的层次，即根据标准的适用范围，恰当地将标准安排在不同层次上，一般应扩大标准的适用范围。第三，要合理确定标准的数量与规模，即把分解而得的标准化对象要素适当集成，把一些联系密切的要素集成于一个标准之中，把几种类似的产品合并一个标准之中等，力求以尽可能少的标准来全面构成体系表。最后，实现接口的协调，使标准内容的分割合理，各标准在内容上具有相对独立性。模块化方法也是对分类方法的进一步延伸和拓展。

（4）三维坐标方法

三维坐标法最初来源于美国学者霍尔的系统三维结构思想。在我国人造板标准体系的构建研究中，也曾使用这种方法进行标准体系构建。在人造板标准三维坐标体系中，以 X 轴为人造板专业门类标准，以 Y 轴为人造板生产过程标准，以 Z 轴为人造板层次标准，三个属性维都是相对独立的，在每一维中又增加了若干小门类，三个属性维之间相互结合而构成的立体区域就是人造板标准体系的范围。三维坐标法实际上也是对分类方法和过程方法的结合。在其他行业标准体系的构建中，也多见三维坐标法的应用。

在标准体系构建中，也有学者提出层次法（组织层次方法）、系统法（系统集成法）也是标准体系构建的基本方法。现代标准化的发展已经到了以系统理论为指导的新阶段，标准的制定已经从个体水平发展到群体水平、从静态发展到动态、从短期着眼发展到全寿命考量、从局部控制发展到全系统的宏观控制，始终体现着系统的思想和观点。

5.2.2　标准体系的构建过程

《标准体系构建原则和要求》GB/T 13016－2018 中对标准体系的构建方法作出了要求，明确了构建标准体系的步骤与要点。具体如下：

（1）确定标准化方针目标

在构建标准体系之前，应首先了解下列内容，以便于指导和统筹协调相关部门的标准体系构建工作：

1）了解标准化所支撑的业务战略；

2）明确标准体系建设的愿景、近期拟达到的目标；

3）确定实现标准化目标的标准化方针或策略（实施策略）、指导思想、基本原则；

4）确定标准体系的范围和边界。

（2）调查研究

构建标准体系的调查研究，通常包括：

1）标准体系建设的国内外情况；

2）现有的标准化基础，包括已制定的标准和已开展的相关标准化研究项目和工作项目；

3）存在的标准化相关问题；

4）对标准体系的建设需求。

（3）分析整理

根据标准体系建设的方针、目标以及具体的标准化需求，借鉴国内外现有的标准体系的结构框架，从标准的类型、专业领域、级别、功能、业务的生命周期等若干个不同标准化对象的角度，对标准体系进行分析，从而确定标准体系的结构关系。

（4）编制标准体系表

　　编制标准体系表，通常包括：

　　确定标准体系结构图。根据不同维度的标准分析的结果，选择恰当的维度作为标准体系框架的主要维度，编制标准体系结构图，编写标准体系结构的各级子体系、标准体系模块的内容说明。

　　编制标准明细表。收集整理拟采用的国际标准、国家标准等外部标准和本领域已有的内部标准，提出近期和将来规划拟制定的标准列表，编制标准明细表、编制标准体系表编制说明。

　　(5) 动态维护更新

　　标准体系是一个动态的系统，在使用过程中应不断优化完善，并随着业务需求、技术发展的变化进行维护更新。

第6章　建筑垃圾资源化标准体系的构建

6.1　标准体系基础分析

结合本书第 4.2 节所述标准及其他相关标准的现状，将基于建筑垃圾产生、回收、处置与资源化、推广应用全产业链标准的需求与现有标准对比如表 6.1 所示。总的来看，在国家层面的标准中，涉及建筑垃圾再生处理工艺技术、项目建设、再生产品及其应用技术。深入分析建筑垃圾资源化有关标准，存在以下问题：

（1）体系化不够。目前的专有标准集中分布在再生产品及其应用技术层面，忽视了建筑垃圾资源化产业链，术语及污染控制类核心基础标准的缺失，影响资源化进程；

（2）管理标准几乎空白。建筑垃圾资源化与管理密不可分，推动资源化进程管理与技术一样重要；

（3）技术标准存在不足。一方面表现在一些环节技术标准缺失；另一方面已有标准不够"专"，对建筑垃圾再生处理、再生产品及应用的特点抓得不够。

全产业链标准的需求与现有标准对比分析　　　　　　　　　表 6.1

序号	需求标准内容	是否有专用标准		是否已有相关标准		标准名称	备注
		是	否	是	否		
全过程基础标准							
1	建筑垃圾再生利用有关术语	√			√		术语的标准化，可以减少多义、同义，避免信息交流过程中的歧义和误解
2	建筑垃圾处理标准	√				《建筑垃圾处理技术标准》CJJ/T 134	
3	信息化管理平台建设						信息化平台复杂，要实现管理高效，平台的构建水平要高，建立标准利于指导平台建设
4	污染控制		√		√		建筑垃圾处理与处置行业有关项目的环境影响评价、环境保护设施设计、竣工环境保护验收、清洁生产审核、环保监督需要

74

续表

序号	需求标准内容	是否有专用标准		是否已有相关标准		标准名称	备注
		是	否	是	否		
建筑垃圾产生与回收							
5	基于建筑垃圾减量的规划		√	√			《城市居住区规划设计标准》GB 50180、《镇规划标准》GB 50188 等在主要规划标准中并没有涉及建筑垃圾减量的规划条文
6	基于建筑垃圾减量的设计		√	√			《民用建筑设计统一标准》GB 50352 中仅有"应贯彻节约用地、节约能源、节约用水和节约原材料的基本国策"宏观规定。《绿色建筑评价标准》GB/T 50378 等标准中均没有涉及建筑垃圾减量的设计条文
7	基于建筑垃圾减量的施工			√		《建筑工程绿色施工规范》GB/T 50905、《建筑工程绿色施工评价标准》GB/T 50640	《建筑工程绿色施工规范》GB/T 50905 规定应制定建筑垃圾减排计划；《建筑工程绿色施工评价标准》GB/T 50640 将"建筑垃圾应分类收集，集中堆放，回收利用率应达到 30%，碎石和土石方类等应用作地基和路基填埋材料""建筑余料应合理使用，板材、块材等下脚料和撒落混凝土及砂浆应科学利用"等减量化措施列为一般项；将"建筑垃圾回收利用率应达到 50%"列为优选项。将"临建设施应采用可拆迁、可回收材料"列为控制项等
8	基于建筑垃圾减量的拆除		√	√			目前拆除领域仅有《建筑拆除工程安全技术规范》JGJ 147，没有能够实现建筑垃圾减量的精细化拆除标准

序号	需求标准内容	是否有专用标准		是否已有相关标准		标准名称	备注
		是	否	是	否		
9	建筑垃圾处置收费		√		√		建筑垃圾复杂多变，各地资源情况不一、经济水平不一，处置收费标准不能简单等同，需要标准进行规范
10	建筑垃圾分类收集		√		√		仅在有关施工标准中有"分类收集、堆放"的原则性要求。对其他来源的建筑垃圾及具体如何分类并无标准
11	建筑垃圾运输	√				各地方标准	基于环境保护的要求，很多地区有建筑垃圾运输相关标准或具体管理政策
建筑垃圾处理							
12	全过程关键内容强制性规定				√		从建筑垃圾处理不当对生态环境安全有重大影响角度，符合《深化标准化工作改革方案》对强制性标准范围的规定，应作为全文强制性标准，对建筑垃圾回收与再生利用关键内容进行规定
13	处理方式评估		√		√		不同建筑垃圾处理方式适用于不同的条件，包括经济、环境等，建立处理方式评估标准可以给不同条件下的方式选择提供依据
14	再生处理设施建设	√				《建筑废弃物再生工厂设计规范》GB 51322	
15	再生处理设施运营		√		√		
16	再生处理技术	√				《固定式建筑垃圾处置技术规程》JC/T 2546	
17	再生处理设备				√		建筑垃圾有其自身的特点，需要专业设备进行再生处理

续表

序号	需求标准内容	是否有专用标准		是否已有相关标准		标准名称	备注
		是	否	是	否		
18	填埋			✓		《建筑垃圾处理技术标准》CJJ/T 134	
19	回填			✓		《建筑垃圾处理技术标准》CJJ/T 134 等	
20	再生产品	✓				《混凝土和砂浆用再生粗骨料》GB/T 25176、《混凝土用再生粗骨料》GB/T 25177 等	已颁布国家、行业标准多项，随资源化技术发展有新的需求
21	再生产品绿色评价		✓		✓		再生建材绿色评价关于产品质量、成本和工程应用，需要标准支持
建筑垃圾再生产品推广应用							
22	再生产品应用技术	✓				《再生骨料应用技术规程》JGJ/T 240 等	
23	基于利用再生产品使用的设计	✓				《再生混凝土结构技术标准》JGJ/T 443、《再生混合混凝土组合结构技术标准》JGJ/T 468	
24	基于利用再生产品的施工		✓		✓	《建筑工程绿色施工评价标准》GB/T 50640	缺少采用建筑垃圾再生产品的评价项
25	再生产品推广应用的管理		✓		✓		建筑垃圾再生利用需要技术支持，推广应用更需要管理保障，标准为有关部门和地方管理提供依据

6.2 标准体系的构建

1. 标准体系适用范围

标准体系是"一定范围内的标准按其内在联系形成的科学的有机整体"。其中"一定范围"就是指标准的适用范围，是基于标准体系的构建需求确定的服务领域，也是标准体系能够发挥作用的有效范围。确定建筑垃圾资源化标准体系的适用范围是构建建筑垃圾资源化标准体系的首要任务。《标准体系构建原则和要求》GB/T 13016－2018中规定从事相同性质的经济活动的所有单位的集合为行业（产业），在一个行业（或产业）内细分的从事相同性质的经济活动的所有单位的集合为专业。建筑垃圾资源化产业就是从事与建筑垃圾资源化有关的经济活动的所有单位的集合。

建筑垃圾资源化为工程建设领域重要的一环，是工程全寿命周期的重要组成，其本身是一个复杂的系统工程，要经历产生、运输、处理、形成产品、工程应用等一系列环节，涉及多个部门。中央机构编制委员会办公室《关于建筑垃圾资源化再利用部门职责分工的通知》（中央编办发〔2010〕106号）对部门职责分工明确如下：

住房城乡建设部为建筑垃圾资源化再利用的主管部门，牵头会同有关部门制定建筑垃圾资源化再利用的整体规划和政策措施，综合协调建筑垃圾资源化再利用工作；制定建筑垃圾集中回收处置的政策措施并监督实施；组织协调建筑垃圾资源化再利用技术创新和示范工程。

发展改革委负责将建筑垃圾资源化再利用规划纳入循环经济、资源综合利用规划，研究促进建筑垃圾资源化再利用的政策措施，确保政策之间的衔接平衡；安排建筑垃圾资源化再利用重大项目。

工业和信息化部负责制定利用建筑垃圾生产建材的政策、标准和产业专项规划，组织开展建筑垃圾资源化再利用技术及装备研发，参与制定产业扶持政策。

环境保护部负责制定建筑垃圾污染防治政策、标准和技术规范，对建筑垃圾资源化再利用过程中的环境污染实施监督管理。

科技、财政、税务等部门根据各自职责，在科技研发、资金支持和税收政策等方面，积极做好相关工作。

在这种情况下，要促进建筑垃圾资源化进程，需要构建一个覆盖全产业链的标准体系，制定一系列的标准规范，界定各个环节、各个工序之间的关系，给建筑垃圾再生产品的质量控制提供保障，为建筑垃圾再生产品在市场上的准入应用提供依据等。因此建筑垃圾资源化标准体系应覆盖建筑垃圾资源化全产业链。

2. 标准体系的目标

标准体系是为业务目标服务的。科学确定标准化的目标具有十分重要的意义，是构建标准体系的最基本依据。目标应定位准确，内涵清晰。建筑垃圾资源化标准体系的目标就是要服务于建筑垃圾资源化产业，最终要规范和促进建筑垃圾资源化产业的发展，具体如下：

（1）带动产业技术进步和市场拓展。建筑垃圾资源化产业起步不足10年，资源化技术研究非常活跃，制定具有中国特色、具备更高技术水平、更大应用市场价值的技术标准，是保障建筑垃圾资源化产业发展的重要步骤。

（2）规范产业发展。我国建筑垃圾资源化企业规模大多较小，很多生产前期投入不大，更有借助建筑垃圾资源化的热度盲目进入，导致建筑垃圾再生产品质量良莠不齐。标准的不健全，使得社会对产品质量难以确定，影响了建筑垃圾资源化产业的发展，需要从标准源头规范产业发展。

（3）引领标准化进程。通过建筑垃圾资源化标准体系，指导和引领建筑垃圾资源化领域标准制修订规划和推进实施，逐步健全产业标准体系。

3. 标准体系的环境

标准体系的环境是指标准体系存在和发展的外界条件的总和，标准体系是在与环境不断相互作用下生产和发展的。标准体系的环境是一系列经常变化的生态系统，有市场形势的变化、生产结构和社会经济结构的重大变革、科学技术的发展、贸易范围的变化、高层表转化系统的变化等。对标准体系的管理需要经常、及时掌握环境因素的变化，并对标准体系进行修正、调整。

对建筑垃圾资源化标准体系的环境分析，是构建标准体系的前提和基础。本书第1～4章已对我国建筑垃圾资源化标准体系的环境进行了详细的分析。其中，第2章为建筑垃圾资源化标准体系的国内外产业发展分析，主要对国内产业发展现状及前景进行分析；第3章为建筑垃圾标准体系的产业支撑分析，主要对法规政策和技术体系进行分析；第4章为建筑垃圾资源化标准体的国内外标准化环境分析，主要对国内标准现状及政策环境进行分析。

4. 标准体系的架构

在对国外建筑垃圾再生利用先进国家的标准调研的基础上，结合我国建筑垃圾资源化具体实践，同时顺应目前国家标准化改革的要求，从以下几个方面综合考虑构建建筑垃圾回收与再生利用标准体系框架。

（1）体系框架的结构

建筑垃圾成分复杂，回收与再生利用涉及面广、产业链长，既需技术支撑，更要政策保障，标准间不存上单纯的时间关联，因此不适用于单一的分类层次结构、神经路径结构、环形结构、矩阵结构或星型结构，而要选择相对复杂的综合结构进行框架的构建。

（2）标准类别的设置

建筑垃圾回收和再生利用需要技术支撑的同时更需要管理层面的推进，因此在标准体系中不仅涵盖技术标准，也包括为不同角度的管理提供依据的管理类标准。技术标准主要包括对建筑垃圾回收与再生利用的共性问题进行规定的技术标准，如术语、减量化等标准；对建筑垃圾回收与再生利用各阶段做出技术性内容规定的标准，如拆除、分类、产品、再生技术；建筑垃圾再生利用的环境评价技术标准，如绿色评价等。管理标准主要包括对建筑垃圾再生利用方式评估的基础标准；规范建筑垃圾处置收费的经济管理标准等。同时为积极响应国家标准化改革的要求，能参考既有标准的则不再制定专用标准。

（3）标准内容的布局

建筑垃圾回收与再生利用是一个复杂的系统工程，标准内容需覆盖以上产业链全过程，对各环节的技术和管理进行规范，才能构建起完善的标准体系。

1）产业链前段，包括建筑垃圾产生、收集与运输阶段。建筑垃圾产生量大、成分复杂，源头管理缺乏依据，因此需要制定涉及规划、设计、施工、拆除的减量化技术标准，为源头消减、预防建筑垃圾的产生提供依据；同时通过分类收集与运输标准的制定，提高建筑垃圾的洁净程度，服务于建筑垃圾高效再生利用；同时着眼于"谁产生谁负责"，制定科学合理的收费标准，为各地建筑垃圾处置收费提供依据。

2）产业链中段，主要包括建筑垃圾再生处理和资源化。一方面通过有关标准的编制，为建筑垃圾再生处理方式、工艺的选择、场地建设提供技术依据，提升建筑垃圾再生处理设施的建设水平；另一方面结合建筑垃圾资源化技术成熟度和工程建设对建材产品的需求，制定系列专用建筑垃圾再生产品标准，如再生骨料、再生混凝土制品、道路用材料及产品的绿色评价标准；同时为用于建筑结构的再生混凝土提供保证安全的设计类技术标准。

3）产业链后段，再生建材产品应用与推广阶段。主要包括为再生建材产品的使用提供技术支持的应用技术类标准如再生骨料、再生渗蓄材料应用技术规程和为再生建材大量推广所需的管理类标准如再生产品推广应用办法。

（4）标准层级的选择

在标准体系框架中，将整个标准体系分为两个层次，即国家、行业标准和社会团体、企业标准。考虑到建筑垃圾资源化利用本身为复杂系统，建筑垃圾再生产品类型众多，且随着建筑垃圾原料的变化、技术的发展而不断有新的再生建材产品出现，仅靠国家与行业标准难以形成完整体系，更需要鼓励社会团体补充相应具体标准。国家、行业标准主要针对术语、分类技术、建筑垃圾源头减量化、再生处理技术、设施建设及混凝土结构安全等基础标准制定；社会团体标准则侧重制定各类建材产品及应用标准，管理类标准也包括其中。只有将国家、行业标准与社会团体标准有机结合，相互完善补充，才能形成覆盖完整的产生、清理、运输、存放、处理、制品的标准体系，支撑整个建筑垃圾资源化产业良好运转。

6.3　标准体系表的编制

6.3.1　原则

建筑垃圾资源化标准体系构建遵照如下原则：

（1）科学性。严格按照我国现行法规、管理规定和相关标准的要求，在对建筑垃圾资源化现状和问题充分调研的基础上，进行科学分析、研究和总结归纳，力求做到标准体系科学。

（2）公益性。贯彻落实国家生态文明以及国家标准化改革的要求。体系构建中，推荐性国家标准重点制定基础通用标准，推荐性行业标准重点制定重要技术、大类产品、行业管理标准，突出推荐性标准的公益属性。在公益性基础上，重视培育发展团体标准，激发学会、协会等相关主体的标准供给能力。

（3）协调性。标准体系的构建与我国现行的固体废弃物领域相关法律法规、方针政策相一致，与有关生产实践及科技创新成果相协调；标准之间紧密联系，各层级、各类标准整体协调。

（4）可拓展性。标准体系既要符合现阶段建筑垃圾资源化技术与应用水平，也要对未来的发展有所预测，充分考虑标准体系的可拓展性，是标准体系能随着建筑垃圾资源化的进程进行扩充。

6.3.2　标准体系表结构图

通过方框图表示建筑垃圾资源化领域之间的结构关系，方框之间用线段连接。按《标准体系构建原则和要求》GB/T 13016-2018中的规定，标准体系结构图的具体要求及含义如下：

（1）标准体系结构图用矩形方框表示，方框内的文字表示标准体系或标准子体系的名称；

（2）一个方框代表一组若干标准；如果方框内的文字有下划线，则方框仅表示体系标题之意，不包含具体的标准；

（3）每个方框可编上图号，并按图号编制标准明细表；

（4）方框间用实线或虚线连接，用实线表示方框间的层次关系、序列关系，不表示上述关系的连接用虚线；

（5）为了表示与其他系统的协调配套关系，用虚线连接表示本体系方框与相关标准间的关联关系；对虽由本体系负责制定的，而应属其他体系的标准亦作为相关标准并用虚线连接，且应在标准体系编制说明中加以说明。

以建筑垃圾资源化领域的标准化需求为基础，以标准体系构建理论和方法为指导，按上述规则构建的建筑垃圾资源化标准体系结构如图 6.3.2 所示。对推广应用分体系标准，在现有的工程设计、工程施工、绿色建筑评价相关标准中纳入建筑垃圾再生产品利用有关内容，在城市管理水平评价（如园林城市、生态城市、文明城市）体系中纳入有关建筑垃圾资源化指标，是健全标准体系支撑，推动建筑垃圾资源化进程的有效措施。因此在标准体系框图中用虚线连接，列为相关标准，不纳入本标准体系负责范围。

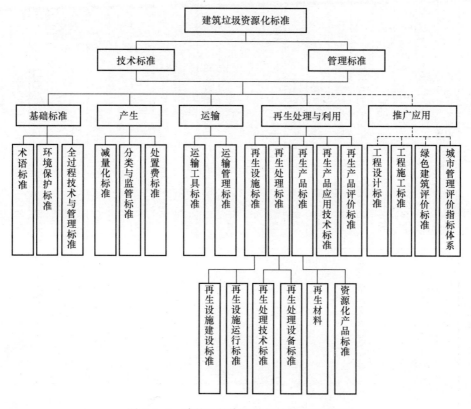

图 6.3.2 建筑垃圾资源化标准体系结构图

6.3.3 标准体系明细表

建筑垃圾资源化标准体系明细表如表 6.3.3 所示。

建筑垃圾资源化标准体系明细表

表 6.3.3

序号	分体系	子体系	标准名称	标准号	标准状态	标准级别
1	基础标准	术语标准	建筑垃圾再生利用术语		待编	行业标准
2		环境保护标准	建筑垃圾污染排放控制技术规范		待编	行业标准
3			建筑垃圾处理技术规范	CJJ/T 134-2019	已发布	行业标准
4		全过程技术与管理标准	城市建筑垃圾管控技术标准		在编	团体标准
5			建筑垃圾信息化管理平台建设标准		在编	团体标准
6			建筑垃圾运转和处理电子联单管理技术规程		在编	团体标准
7			建筑垃圾天地一体化监控标准		在编	团体标准
8	产生	减量化标准	建筑垃圾减量化规划标准		在编	团体标准
9			建筑垃圾减量化设计标准		在编	团体标准
10			建筑垃圾减量化施工标准		在编	行业标准
11			基于建筑垃圾减量的拆除标准		待编	团体标准
12			建设工程建筑废弃物排放限额标准	SJG 62-2019	深圳地标	地方标准
13		分类与管理标准	建筑垃圾分类收集技术规程		在编	团体标准
14			建筑施工裸地遥感监测技术导则		在编	团体标准
15		处置费	建筑垃圾差异收费标准		待编	行业标准
16			建筑垃圾处置费预算定额		待编	行业标准
17	运输	运输工具标准	建筑垃圾运输车技术要求		多地发布	地方标准
18		运输管理标准	建筑垃圾运输管理标准		多地发布	地方标准
19	再生处理与利用	再生设施建设标准	建筑废弃物再生利用工厂设计规范	GB 51322-2018	已发布	国家标准
20			治理再生资源化利用工程项目建设标准		在编	国家标准
21		再生设施运行标准	建筑垃圾固定资源化设施运营管理标准		待编	地方标准
22			建筑垃圾临时设施运营管理标准		待编	地方标准
23			建筑垃圾再生工厂绿色评价标准		待编	行业标准

续表

序号	分体系	子体系	标准名称	标准号	标准状态	标准级别
24		再生处理技术标准	固定式建筑垃圾处置技术规程	JC/T 2546-2019	已发布	行业标准
25			建筑垃圾资源化临时处置设施技术规程		在编	团体标准
26			施工现场固体废弃物综合处置技术规程		在编	行业标准
27		再生处理设备标准	建筑垃圾再生骨料生产成套装备技术要求		在编	国家标准
28			建筑垃圾破碎设备		在编	行业标准
29	再生处理与利用	再生材料标准	混凝土和砂浆用再生细骨料	GB/T 25176-2010	在修	国家标准
30			混凝土用再生粗骨料	GB/T 25177-2010	在修	国家标准
31			混凝土和砂浆用再生微粉	JG/T 573-2020	已发布	行业标准
32			建筑固废再生砂粉	JC/T2548-2019	已发布	行业标准
33			混凝土和砂浆用再生复合掺合料		在编	团体标准
34			透水铺装、生物滞留水体净化设施用再生骨料		在编	行业标准
35		再生产品标准 / 资源化产品标准	再生骨料地面砖和透水砖	CJ/T 400-2012	已发布	行业标准
36			道路用建筑垃圾再生骨料无机混合料	JC/T 2281-2014	已发布	行业标准
37			建筑垃圾再生骨料实心砖	JG/T 505-2016	已发布	行业标准
38			建筑垃圾再生烧结制品		待编	团体标准
39			再生沥青混凝土		待编	行业标准

续表

序号	分体系	子体系	标准名称	标准号	标准状态	标准级别
40	再生处理与利用	再生产品应用技术标准	再生骨料应用技术规程	JGJ/T 240-2011	已发布	行业标准
41			再生骨料透水混凝土应用技术规程	CJJ/T 253-2016	已发布	行业标准
42			再生混凝土结构技术标准	JGJ/T 443-2018	已发布	行业标准
43			再生混合混凝土组合结构技术标准	JGJ/T468-2019	已发布	行业标准
44			公路沥青路面再生技术规范	JTG/T 5521-2019	已发布	行业标准
45			建筑垃圾再生骨料路面基施工与验收规程		在编	团体标准
46			建筑垃圾分类收集技术规程		在编	团体标准
47			公路工程利用建筑垃圾技术规程	JTG/T 2321-2021	已发布	行业标准
48			渣土类建筑垃圾道路施工技术标准		在编	团体标准
49			建筑垃圾再生骨料路面基层施工与验收规程		在编	团体标准
50			建筑垃圾再生材料换填工程施工技术规程		在编	团体标准
51			建筑垃圾再生细骨料回填材料应用技术规程		在编	团体标准
52		再生产品评价标准	再生骨料制作蓄水层技术标准		在编	团体标准
53			再生产品绿色认证标准		待编	团体标准
54			再生骨料能耗限额标准		待编	行业标准
55			再生骨料混凝土耐久性控制技术规程	CECS 385：2014	已发布	团体标准
56			水泥基再生材料的环境安全性检测标准	CECS 397：2015	已发布	团体标准

附录 A 《混凝土和砂浆用再生微粉》 JG/T 573－2020 摘编

1 范围

本标准规定了再生微粉的术语和定义、分类和标记、要求、试验方法、检验规则、包装和标志、贮存和运输。

本标准适用于制备混凝土、砂浆及其制品时作为掺合料使用的再生微粉。

3 术语和定义

3.1

再生微粉 recycled fine powder

采用以混凝土、砖瓦等为主要成分的建筑垃圾制备再生骨料过程中伴随产生的粒径小于 $75\mu m$ 的颗粒。

5 要求

5.1 再生微粉的技术指标应符合表 1 的规定。

表 1 技术指标

项目	Ⅰ级	Ⅱ级
细度（$45\mu m$ 方孔筛筛余）/%	<30.0	<45.0
需水量比/%	<105	<115
活性指数/%	>70	>60
流动度 2h 经时变化量/mm	<40	<60
亚甲蓝 MB 值	<1.4	
安定性（沸煮法）	合格	
含水量/%	<1.0	
氯离子含量/%（质量分数）	<0.06	
三氧化硫含量/%（质量分数）	<3.0	

5.2 再生微粉中的碱含量应按 $Na_2O+0.658K_2O$ 计算值表示。当再生微粉应用中有碱含量限制要求时，由供需双方协商确定。

5.3 再生微粉放射性核素限量应符合 GB 6566 的规定。

附录 B 《固定式建筑垃圾处置技术规程》 JC/T 2546－2019 摘编

1 总则

1.0.1 为提高固定式建筑垃圾再生处置厂建设水平，实现建筑垃圾再生处理与利用过程的技术先进、安全可靠、经济合理、绿色环保，制定本规程。

1.0.2 本规程适用于：以混凝土类、砖混类建筑垃圾为处置对象的新建、扩建、改建的固定式建筑垃圾再生处置厂的规划、设计、运维管理。

1.0.3 固定式建筑垃圾再生处置除应符合本规程外，尚应符合国家、行业现行有关标准的规定。

2 术语

2.0.1 固定式建筑垃圾再生处置厂　fixed disposal of construction waste plant

设计使用年限不小于 10 年，采用一定的工艺手段，利用建筑垃圾生产再生产品的固定场所。

2.0.2 再生材料　recycled materials

建筑垃圾经过处理后，可以再次利用的再生骨料、再生微粉。

2.0.3 资源化利用产品　recycled products

用部分或全部再生材料为原料生产的建筑材料产品。

2.0.4 建筑垃圾再生处理 regenerate of construction waste

采用除土、破碎、筛分、分选等工艺手段，将建筑垃圾加工成为再生材料的过程。

2.0.5 建筑垃圾再生利用 recycling of construction waste

采用再生材料生产资源化利用产品的过程。

2.0.6 混凝土类建筑垃圾　concrete construction waste

以废旧砖瓦、混凝土、砂浆为主要成分，且废旧混凝土质量占比不小于90%的建筑垃圾。

2.0.7 砖混类建筑垃圾　concrete and brick construction waste

以废旧砖瓦、混凝土、砂浆为主要成分，且废旧混凝土质量占比小于90%的建筑垃圾。

2.0.8 再生微粉　recycled micro-powder of construction waste

建筑垃圾在破碎、筛分、分选等过程中产生或经专门粉磨制备的粒径小于 0.075 mm 的粉体颗粒。

2.0.9 进厂建筑垃圾资源化率　recycling rate of construction waste

再生材料占进厂混凝土类、砖混类建筑垃圾的质量百分比。

2.0.10 杂物分选率 sorting rate of sundries

建筑垃圾再生处理中分选出的杂物占原料中杂物的质量百分比。

3 基本规定

3.0.1 固定式建筑垃圾再生处置厂的设置应符合所在地区城市发展规划、土地利用规划和建筑垃圾专项规划。

3.0.2 固定式建筑垃圾再生处置厂布局和规模应根据区域内环境条件、建筑垃圾存量及增量测算情况、原料特性、交通条件、运输半径、应用市场等统筹协调，因地制宜进行技术经济分析比较确定。规模按年处置能力分为大、中、小型三类，其中大型不低于 100 万吨/年；中型不低于 50 万吨/年；小型不低于 25 万吨/年。

3.0.3 改建、扩建固定式建筑垃圾再生处置厂应合理利用原有建筑物、生产工艺与装备及辅助设施。

3.0.4 建筑垃圾再生处置工艺与资源化利用产品方案应结合建筑垃圾原料特点、堆存状况、区域应用产品市场需求确定。

3.0.5 固定式建筑垃圾再生处置厂应符合环境保护、安全卫生等规定，采取切实可行的治理措施，控制污染。污染物的排放应达到国家和地方的有关标准，符合环境保护的有关法规，保护环境和职工健康，确保安全生产。

3.0.6 固定式建筑垃圾再生处置厂不应接收危险废物和生活垃圾。

3.0.7 固定式建筑垃圾再生处置厂辅助设施应与主体设施相适应，以保证建筑垃圾再生处置设施的正常运行。在建设时应因地制宜，充分利用社会协作条件。

4 厂址选择与总平面布置

4.1 一般规定

4.1.1 总占地面积应按远期规模确定，各项用地指标应符合国家工程项目建设用地指标的有关规定及当地土地、规划等行政主管部门的要求，宜根据处理规模、处理工艺和建设条件进行分期和分区建设的总体设计。

4.1.2 主体设施包括计量设施、再生处理系统、资源化利用设施、原料及成品贮存区、厂区道路等。

4.1.3 辅助设施包括围挡设施、进厂道路、供配电、给排水设施、生活和行政办公管理设施、环境保护配套设施、设备维修、消防和安全设施、车辆冲洗、通讯及监控、应急设施等。

4.1.4 竖向设计应结合原有地形，做到有利于雨水导排和减少土方工程量，并宜使土石方平衡。

4.2 厂址选择

4.2.1 所选厂址应符合当地城乡建设总体规划要求。

4.2.2 厂址选择应综合考虑项目的服务区域、交通、土地利用现状、基础设施状况、运输距离及公众意见等因素。

4.2.3 厂址选择应结合建设规模、新增建筑垃圾来源、再生产品设计与流向、场地现有设施、环境保护等因素进行综合技术经济比较后确定。

4.2.4 可优先考虑在既有建筑垃圾消纳场内建设固定式处置厂，或与其他一般固体废物处理处置设施、建筑材料生产设施等同址或联动建设。

4.2.5 厂址应在行政区域（或跨行政区域）范围内合理布局。

4.2.6 厂址与机关、学校、医院、居民住宅、人畜饮用水源地等的距离应符合表4.2.6规定。

表4.2.6 厂址卫生防护距离

生产规模 （万吨/年）	距离（m）（所在地区近5年平均风速 m/s）		
	<2	2~4	>4
<100	400	300	200
≥100	500	400	300

4.2.7 交通方便，可通行重载卡车，满足通行能力要求，不宜穿行居民区。

4.2.8 厂址应选择在土石方开挖工程量少、工程地质和水文地质条件较好的地带，应避开断层、断层破碎带、溶洞区，并应避开山洪、滑坡、泥石流等地质灾害易发地段，以及天然滑坡或泥石流影响区。

4.2.9 厂址应根据远期规划要求与城市建设特点，不仅满足近期处置功能与模块设计所需的场地面积，宜适当留有发展的余地。

4.2.10 禁止选在自然保护区、风景名胜区和其他需要特别保护的区域。

4.2.11 厂址不应选在窝风地段，并应位于城镇和居住区全年最大频率风向的下风侧。

4.2.12 在建筑垃圾消纳场建设的项目应对封场平台的地质沉降情况进行评估。

4.3 总平面布置

4.3.1 总平面布置应根据场地条件、施工作业等因素，经过技术经济比较确定。

4.3.2 总平面布置应有利于减少建筑垃圾运输和处理过程中粉尘、噪声等对周围环境的影响。

4.3.3 总平面布置中应减少场外、场内转运，并应依据地势，充分利用势能差，减少运输能耗。

4.3.4 厂区人流、物流通道应分开设置，做到出入口互不影响。

4.3.5 生产区、生活区、行政办公区应分区设置，应组织好场内人流和物流线路，避免混用。

4.3.6 分期建设项目应各期联动考虑，在总平面布置时预留分期工程场地。

4.3.7 总平面布置应以固定式再生处理厂房为主体进行布置，其他各项设施应按建筑垃圾再生处理流程、功能分区，合理布置，做好辅助设施与主体设施的接口设计和管理，并应做到整体效果协调、美观。

4.3.8 建筑垃圾原料堆场占地面积宜按堆高不超过6 m、容纳能力不宜低于15 d的再生处理量进行设计。

4.3.9 根据资源化利用产品方案设置相应的资源化利用生产线、再生材料及资源化利用产品仓储区，仓储区需预留足够的空间，资源化利用产品仓储区宜按不低于各类产品的最低养护期储存能力设计。

4.3.10 辅助设施布置应符合以下要求：

1 辅助设施的布置应以使用方便为原则；

2 生活和行政办公管理设施宜布置在夏季主导风向的上风侧，与主体设施之间宜设绿化隔离带；

3 各项建（构）筑物的组成及其面积均应符合现行相关国家标准的规定。

4.3.11 厂区管线布置应符合以下要求：

1 雨水导排管线应全面安排，做到导排通畅；

2 管线布置应避免相互干扰，应使管线长度短、水头损失小、流通顺畅、不易堵塞和便于清通，各种管线应用不同颜色加以区别。

4.3.12 固定式建筑垃圾再生处置厂总平面布置及绿化应符合现行国家标准《工业企业总平面设计规范》GB 50187 的有关规定，并可根据需要增设配套资源化利用设施。

5 建筑垃圾再生处理

5.1 一般规定

5.1.1 建筑垃圾再生处理设施应包括：接收储存与预处理、再生处理、再生材料储存等功能单元。

5.1.2 建筑垃圾再生处理设施设计应充分分析预测服务区域内建筑垃圾的特性，适应不同种类建筑垃圾的处理要求。

5.1.3 建筑垃圾再生处理生产线的系统设计应进行物料平衡计算，包含下限工况、正常工况、上限工况条件下各组成系统的物料输入、输出量化关系。

5.1.4 建筑垃圾再生处理设施的工艺与设备，应成熟可靠，以实现连续稳定生产，避免二次污染，提高机械化、自动化水平，保证安全高效、环保节能。

5.1.5 应合理布置生产线各工艺环节，减少物料传输距离；宜合理利用地势势能和传输带提升动能，设计生产线工艺高程。

5.1.6 建筑垃圾再生骨料综合能耗应符合表 5.1.6 中能耗限额限定值的规定。

表 5.1.6 单位再生骨料综合能耗限额限定值

自然级配再生骨料产品规格分类（粒径）（mm）	综合能耗额限定值（kgce/t）
0～80	≤0.5
0～50	≤0.7
0～37.5	≤1.0
0～25	≤1.2

5.1.7 进厂建筑垃圾宜以混凝土类、砖混类等为主，物料粒径宜小于 1 m。

5.1.8 进厂建筑垃圾资源化率不应低于 95％。

5.1.9 再生材料技术要求：

1 混凝土和砂浆用再生粗、细骨料应分别符合现行国家标准《混凝土用再生粗骨料》

GB/T 25177、《混凝土和砂浆用再生细骨料》GB/T 25176 的要求；

2 砌块和砖用再生粗、细骨料应符合现行行业标准《再生骨料应用技术规程》JGJ/T 240 的要求；

3 其他用途时应符合相关标准要求。

5.2 接收储存与预处理

5.2.1 建筑垃圾进厂接收计量系统应符合下列要求：

1 计量系统应具备称量、记录、打印、数据处理、数据传输等功能；

2 汽车衡数量应综合兼顾建筑垃圾及其他原料进厂计量、再生材料及资源化利用产品出厂计量要求；

3 汽车衡规格按最大进出厂车辆最大满载重量的（1.3～1.7）倍配置，称量精度不大于 20kg；

4 根据场地条件设置车辆等候区。

5.2.2 建筑垃圾进厂卸料储存系统应符合下列要求：

1 卸料区域应满足建筑垃圾运输车辆与其他生产机具顺畅作业的要求；

2 建筑垃圾应按混凝土类、砖混类分类存放；

3 建筑垃圾储存堆体高度不宜超过 6m，放坡宜小于 45°；

4 应配备安全防护、扬尘控制、给排水、卫生防护、采光照明、交通指挥等辅助设施。

5.2.3 建筑垃圾预处理系统应符合下列要求：

1 建筑垃圾预处理区域应与卸料储存区域统筹规划布局，配备专业机具，满足建筑垃圾杂物初选、大块初破等处理要求；

2 建筑垃圾预处理应设置作业区，大块硬质垃圾破碎处理宜采用液压锤，易拣出的轻质物、钢材等垃圾可采用人工分拣；

3 应具备建筑垃圾原料预湿处理设施。

5.3 再生处理生产线

5.3.1 建筑垃圾再生处理生产线应包括入料、除土、破碎筛分、分选除杂、输送等系统，结合原料特点和骨料品质要求可增设骨料强化系统和再生微粉制备系统，各系统能力要相互协调并与设计处置能力相匹配。

5.3.2 入料系统符合下列要求：

1 受料斗的进口宽度与容积应满足给料设备的卸料要求，整体设计应适应建筑垃圾下料要求，充分考虑粒径、杂物等因素，防止堵料；

2 给料设备的给料能力可在一定范围内进行调整，宜具备筛分功能；

3 受料斗宜配备喷雾、集尘、收尘设施；

4 受料口应具备实时监测和及时疏堵功能。

5.3.3 除土系统应符合下列要求：

1 入料系统设置预筛分环节的，除土系统应结合预筛分进行设计；未设置预筛分环节的，除土系统可结合给料或初级破碎出料进行设计；

2 除土设备宜选用筛分设备，筛网孔径应根据除土需要和骨料回收设计进行选择，除土后物料中泥块含量应满足再生骨料应用的质量标准要求。

5.3.4 破碎筛分系统应符合下列要求：

1 根据建筑垃圾原料特性与资源化利用产品对再生骨料的性能要求，合理制定破碎与筛分工艺组合，满足处理产能与效率、骨料粒度与粒形、平稳可靠、节能环保、安全、易维护检修等要求；

2 预期处理的建筑垃圾中细料或杂料较多时可设置预筛分工艺，设备宜选择重型筛分机；

3 初级破碎可采用颚式破碎或反击式破碎，二级破碎可采用反击式破碎或锤式破碎；

4 超规格料宜通过闭路流程再次破碎；

5 主体设备使用寿命应不低于 10 年；

6 初级破碎的最大允许进料粒径应不小于 600mm，排料尺寸可调，具有过载保护功能；

7 筛分宜采用振动筛，筛网孔径选择应与再生骨料规格设计相适应；

8 设备空负荷运转时，噪声声压级值不应超过相关标准规定的限值；

9 应设置在线监控系统及检修平台。

5.3.5 分选除杂系统应符合下列要求：

1 分选除杂系统应满足建筑垃圾中渣土、废钢筋、轻质杂物、废木块、废轻型墙体材料等杂物的有效分离；

2 分选宜以机械分选为主、人工分选为辅，分选工艺根据原料纯净程度，可采用单级或多级串联方式，也可采用并联方式；

3 废钢筋分选应采用具有自动卸铁功能的除铁设备，悬挂式除铁设备的额定吊高处磁感应强度不宜低于 90mT；

4 轻质杂物分选宜采用气力分选设备，宜根据轻质杂物的含量选择适宜的正压鼓风式设备或负压吸风式设备或正压、负压设备联合除杂；

5 宜设置人工分选平台，将不易破碎的大块轻质杂物及少量金属选出。人工分选平台宜设置在初级破碎后的物料传送阶段，宜建设封闭式悬空车间，人工拣选输送机运行带速可调且不宜高于 0.5m/s，并配备分类集装和漏送系统、安全与卫生防护措施；

6 在水资源丰富地区，废木块、废轻型墙体材料分选可采用水力浮选，并配备水循环系统；

7 杂物分选率不应低于 95%；

8 分选出的杂物应集中收集、分类堆放、及时处置。

5.3.6 输送系统应符合下列要求：

1 块状物料宜采用皮带输送；

2 应充分考虑短时冲击负荷及废钢筋等杂物对输送设备的影响；

3 主进料及各产品的输送设备应配备计量装置，称量精度应不大于±2%；

4 输送设备应配备符合相关规范要求的安全保护装置；

5 输送设备应考虑充分密封，防止漏料及扬尘；

6 带式输送机的最大倾角应根据输送物料的性质、作业环境条件、胶带类型、带速及控制方式等确定，非大倾角带式输送机的最大倾角应符合上运输送机不宜大于 17°、下运输送机不宜大于 12°的要求；大倾角输送机、管状输送机等特种输送机最大倾角可适当提高。

5.3.7 根据再生骨料的应用要求，可设置微粉去除、砖混凝土分离、骨料整形、骨料表面水泥浆去除等再生骨料性能强化系统。

5.3.8 烧结砖瓦类建筑垃圾，根据市场需求，可设置再生微粉制备系统。

5.4 再生材料储存

5.4.1 再生材料储存应与资源化利用设施统筹规划布局。

5.4.2 再生骨料宜采用半封闭式料棚或料仓，再生微粉应密闭储仓。

5.4.3 再生骨料储存库容应不低于设计日产量的 7 倍，再生微粉储存库容应不低于设计日产量的 15 倍，并满足不同种类、规格再生骨料与微粉分类储存的要求。

6 生产质量控制

6.1 一般规定

6.1.1 应建立生产质量控制制度，成立生产质量控制领导小组，并有完善的质量问题应急预案。

6.1.2 应明确建筑垃圾再生处理和再生利用过程的质量控制点和质量控制方案。

6.1.3 应建立生产质量控制台账制度，根据处理量、产品批次、连续生产时间等定期记录生产质量情况，宜建立企业生产质量数据库。

6.1.4 应设置实验室，具备建筑垃圾、再生材料、资源化利用产品的常规性能检测能力。

6.2 再生材料控制

6.2.1 建筑垃圾应按混凝土类和砖混类分别堆放。

6.2.2 建筑垃圾组成、再生材料材性应动态检测。

6.2.3 定期检查运输、给料、破碎、筛分、分选、除尘等处理设备，建立设备运行情况记录。

6.2.4 根据《混凝土和砂浆用再生细骨料》GB/T 25176 和《混凝土用再生粗骨料》GB/T 25177 的要求，对再生处理后的再生细骨料和再生粗骨料进行出厂检验和型式检验。

7 资源化利用产品要求

7.1 一般规定

7.1.1 应遵循因地制宜、量大面广、技术成熟的原则，合理确定资源化利用产品方案。

7.1.2 利用建筑垃圾再生材料制备资源化利用产品应以确保产品的性能质量为基本前提。

7.1.3 再生微粉用于混凝土、预制混凝土构件、砂浆应进行试验验证。

7.1.4 建筑垃圾资源化利用产品的性能应符合现行相关标准规范的要求。

7.1.5 建筑垃圾再生利用包括但不限于 7.2 规定的各类应用。

7.2 要求

7.2.1 道路用再生无机混合料

道路用再生无机混合料的原材料、配合比设计、技术要求、制备与检验应符合现行行业标准《道路用建筑垃圾再生骨料无机混合料》JC/T 2281 的规定。

7.2.2 再生混凝土

再生混凝土用原材料、技术要求、配合比设计、制备应符合现行国家、行业标准《混凝土用再生粗骨料》GB/T 25177、《混凝土和砂浆用再生细骨料》GB/T 25176、《再生骨料应用技术规程》JGJ/T 240、《预拌混凝土》GB/T 14902 的规定。

7.2.3 再生混凝土制品

1 再生混凝土制品包括再生骨料砖、再生骨料砌块及再生骨料混凝土预制构件。

2 再生骨料砖包括实心砖、路面砖、透水砖、多孔砖等。再生骨料实心砖的原材料、技术要求、检验应符合现行行业标准《建筑垃圾再生骨料实心砖》JG/T 505 的规定。再生骨料路面砖和透水砖的原材料、技术要求、检验应符合现行行业标准《再生骨料地面砖和透水砖》CJ/T 400 的规定。再生骨料多孔砖的原材料、技术要求、检验等应符合现行行业标准《再生骨料应用技术规程》JGJ/T 240 和《蒸压灰砂多孔砖》JC/T 637 的规定。

3 再生骨料砌块的原材料、技术要求、检验等应符合现行国家、行业标准《再生骨料应用技术要求》JGJ/T 240、《普通混凝土小型空心砌块》GB/T 8239、《轻集料混凝土小型空心砌块》GB/T 15229、《蒸压加气混凝土砌块》GB/T 11968 和《装饰混凝土砌块》JC/T 641 的规定。

4 再生骨料预制混凝土构件的原材料、配合比设计应符合现行国家、行业标准《再生骨料应用技术规程》JGJ/T 240 和《预拌混凝土》GB/T 14902 中再生骨料混凝土用原材料、配合比设计的规定；技术性能应符合结构设计要求。

7.2.4 再生砂浆

再生砂浆的原材料、技术要求、配合比设计、制备应符合现行国家、行业标准《再生骨料应用技术要求》JGJ/T 240、《预拌砂浆》GB/T 25181 的规定。

7.2.5 再生水处理生物填料

建筑垃圾再生骨料经清洗、灭菌烘干、菌种培植、生物固化等无害化处理后可作为水处理生物填料，用于污水处理、水环境修复、海绵城市、湿地、河道建设等。再生水处理生物填料的要求见附录 A。

9 环境保护与节能

9.1 粉尘

9.1.1 厂区环境空气质量应达到现行国家标准《环境空气质量标准》GB 3095 要求，且符合企业所在地的相关地方标准和环境影响评价要求。

9.1.2 厂内应安装粉尘监控装置。

9.1.3 生产区应对破碎处理系统进行包封，破碎过程应采取定向集尘和收尘装置，宜在破碎机进出料口和筛分机械上安装集尘设备，并利用风机以负压方式将含尘气体输送到除尘装置中进行除尘，在破碎机的下料口可增加喷雾设备进行降尘。

9.1.4　建筑垃圾卸料、入料口应设置局部抑尘措施。

9.1.5　再生微粉应密闭式堆放，再生骨料及其他产品宜采用半封闭堆放。

9.1.6　生产区路面应采取硬化处理，并配备场地洒水、冲洗设备，定时冲洗，保持路面湿润清洁不起尘，道路两旁和生活区应设置绿化带隔离。

9.1.7　对进入生产场地的建筑垃圾运输车辆要求采用专用加盖板，防止遗撒。同时设置限速 5km 交通标志牌。

9.2　噪声

9.2.1　生产厂区环境噪声排放应符合现行国家标准《工业企业厂界环境噪声排放标准》GB 12348 的相关规定。

9.2.2　生产区宜采用缓冲装置对破碎处理系统设备进行减振处理，采用包封或降噪材料处置。

9.2.3　机修人员要定期巡检处理设备，及时更换磨损件。对易出现和噪声设备做好定期润滑保养记录。

9.3　水

9.3.1　生产场地应建设规范的生产废水处理设施，生产废水经处理后循环使用，实现零排放。

9.3.2　建筑垃圾堆放区地坪标高应高于周围地坪标高不小于 15 cm，硬化后周围设置排水沟，防止渗漏污染地下水，并满足场地雨水导排要求。

9.3.3　地表径流水经沉淀处理后用于车辆冲洗、场地洒水、绿化。符合现行国家标准《污水综合排放标准》GB 8978 达标排放。

9.3.4　生活污水经化粪池或其他污水处理设备处理后排入市政管网。

9.4　固体废弃物

9.4.1　生产厂区的固体废弃物应有专用堆场。

9.4.2　处理后产生的弃土宜用于回填、稳定层、园林土等。

9.4.3　处理后产生的废金属、废木料、废塑料应送至相应领域的资源化处置企业。

9.5　节能措施

9.5.1　固定式建筑垃圾再生处置厂应建立完善能源管理办法，执行国家、地方及行业的能耗和环保标准。

9.5.2　固定式建筑垃圾再生处置厂应采用有利于节能环保的新设备、新工艺、新技术。

9.5.3　制定并执行生产管理控制程序，杜绝生产中的跑、冒、滴、漏现象。

9.6　消防

厂房消防设计可按现行国家标准《建筑设计防火规范》GB 50016 火灾危险性分类的戊类的有关规定进行，还应符合现行国家标准《水喷雾灭火系统技术规范》GB 50219 和《消防给水及消火栓系统技术规范》GB 50974 的有关规定。

附录 C 《建筑垃圾处理技术标准》CJJ/T 134－2019 摘编

1 总 则

1.0.1 为贯彻执行国家有关建筑垃圾处理的法律法规和技术政策，规范建筑垃圾处理全过程，提高建筑垃圾减量化、资源化、无害化和安全处置水平，制定本标准。

1.0.2 本标准适用于建筑垃圾的收集运输与转运调配、资源化利用、堆填、填埋处置等的规划、建设和运行管理。

1.0.3 建筑垃圾处理应采用技术可靠、经济合理的技术工艺，鼓励采用新工艺、新技术、新材料和新设备。

1.0.4 建筑垃圾处理除应符合本标准规定外，尚应符合国家现行有关标准的规定。

2 术 语

2.0.1 建筑垃圾 construction and demolition waste

工程渣土、工程泥浆、工程垃圾、拆除垃圾和装修垃圾等的总称。包括新建、扩建、改建和拆除各类建筑物、构筑物、管网等以及居民装饰装修房屋过程中所产生的弃土、弃料及其他废弃物，不包括经检验、鉴定为危险废物的建筑垃圾。

2.0.2 工程渣土 engineering sediment

各类建筑物、构筑物、管网等基础开挖过程中产生的弃土。

2.0.3 工程泥浆 engineering mud

钻孔桩基施工、地下连续墙施工、泥水盾构施工、水平定向钻及泥水顶管等施工产生的泥浆。

2.0.4 工程垃圾 engineering waste

各类建筑物、构筑物等建设过程中产生的弃料。

2.0.5 拆除垃圾 demolition waste

各类建筑物、构筑物等拆除过程中产生的弃料。

2.0.6 装修垃圾 decoration waste

装饰装修房屋过程中产生的废弃物。

2.0.7 转运调配 transfer and distribution

将建筑垃圾集中在特定场所临时分类堆放，待根据需要定向外运的行为。

2.0.8 资源化利用 resource reuse and recycling

建筑垃圾经处理转化成为有用物质的方法。

2.0.9 堆填 backfill

利用现有低洼地块或即将开发利用但地坪标高低于使用要求的地块，且地块经有关部门认可，用符合条件的建筑垃圾替代部分土石方进行回填或堆高的行为。

2.0.10 填埋处置 landfill

采取防渗、铺平、压实、覆盖等对建筑垃圾进行处理和对污水等进行治理的处理方法。

3 基 本 规 定

3.0.1 建筑垃圾转运、处理、处置设施的设置应纳入当地环境卫生设施专项规划，大中型城市宜编制建筑垃圾处理处置规划。

3.0.2 建筑垃圾应从源头分类。按照工程渣土、工程泥浆、工程垃圾、拆除垃圾和装修垃圾，应分类收集、分类运输、分类处理处置。

3.0.3 工程渣土、工程泥浆、工程垃圾和拆除垃圾应优先就地利用。

3.0.4 拆除垃圾和装修垃圾宜按金属、木材、塑料、其他等分类收集、分类运输、分类处理处置。

3.0.5 建筑垃圾收运、处理全过程不得混入生活垃圾、污泥、河道疏浚底泥、工业垃圾和危险废物等。

3.0.6 建筑垃圾宜优先考虑资源化利用，处理及利用优先次序宜按表 3.0.6 的规定确定。

表 3.0.6 建筑垃圾处理及利用优先次序

类型		处理及利用优先次序
建筑垃圾	工程渣土、工程泥浆	资源化利用；堆填；作为生活垃圾填埋场覆盖用土；填埋处置
	工程垃圾、拆除垃圾	资源化利用；堆填；填埋处置
	装修垃圾	资源化利用；填埋处置

4 产量、规模及特性分析

4.1 产 量 及 规 模

4.1.1 建筑垃圾处理工程规模应根据该工程服务区域的建筑垃圾现状产生量及预测产生量，结合服务区域经济性、技术可行性和可靠性等因素确定，且应符合环境卫生专业规划或垃圾处理设施规划。

4.1.2 建筑垃圾产生量宜按工程渣土、工程泥浆、工程垃圾、拆除垃圾和装修垃圾分类统计，无统计数据时，可按下列规定进行计算：

1 工程渣土、工程泥浆可结合现场地形、设计资料及施工工艺等综合确定。

2 工程垃圾产生量可按下式计算：

$$M_g = R_g m_g \qquad (4.1.2\text{-}1)$$

式中：M_g——某城市或区域工程垃圾产生量（t/a）；

$\quad R_g$——城市或区域新增建筑面积（$10^4 \text{m}^2/\text{a}$）；

$\quad m_g$——单位面积工程垃圾产生量基数（$t/10^4 \text{m}^2$），可取 $300t/10^4 \text{m}^2 \sim 800t/10^4 \text{m}^2$。

3 拆除垃圾产生量可按下式计算：

$$M_c = R_c m_c \qquad (4.1.2\text{-}2)$$

式中：M_c——某城市或区域拆除垃圾产生量（t/a）；

$\quad R_c$——城市或区域拆除面积（$10^4 \text{m}^2/\text{a}$）；

$\quad m_c$——单位面积拆除垃圾产生量基数（$t/10^4 \text{m}^2$），可取 $8000t/10^4 \text{m}^2 \sim 13000t/10^4 \text{m}^2$。

4 装修垃圾产生量可按下式计算：

$$M_z = R_z m_z \qquad (4.1.2\text{-}3)$$

式中：M_z——某城市或区域装修垃圾产生量（t/a）；

$\quad R_z$——城市或区域居民户数（户）；

$\quad m_z$——单位户数装修垃圾产生量基数 [t/(户·a)]，可取 $0.5t/$(户·a)$\sim 1.0t/$(户·a)。

4.1.3 转运调配、资源化利用、填埋处置工程规模宜按下列规定分类：

1 Ⅰ类：全厂总处理能力 5000t/d 以上（含 5000t/d）；

2 Ⅱ类：全厂总处理能力 3000t/d～5000t/d(含 3000t/d)；

3 Ⅲ类：全厂总处理能力 1000t/d～3000t/d(含 1000t/d)；

4 Ⅳ类：全厂总处理能力 500t/d～1000t/d(含 500t/d)；

5 Ⅴ类：全厂总处理能力 500t/d 以下。

4.1.4 建筑垃圾处理工程生产线数量和单条生产线规模应根据工程规模、所选设备技术成熟度等因素确定，Ⅰ类、Ⅱ类、Ⅲ类建筑垃圾处理工程宜设置 2 条～4 条生产线，Ⅳ类、Ⅴ类建筑垃圾处理工程可设置 1 条生产线。

4.2 特 性 分 析

4.2.1 建筑垃圾采样应具有代表性。

4.2.2 建筑垃圾特性分析应符合下列规定：

1 工程渣土应包括主要组分重量及比例、密度、含水率等。

2 工程泥浆应包括密度、含水率、黏度、黏粒（粒径 0.005mm 以下）含量、含砂率等。

3 工程垃圾、拆除垃圾和装修垃圾应包括金属、混凝土、砖瓦、陶瓷、玻璃、木材、塑料、石膏、涂料、土等重量比例以及各种组成的密度、粒径。

5 厂（场）址选择

5.0.1 转运调配场可选择临时用地，宜优先选用废弃的采矿坑。

5.0.2 堆填场宜优先选用废弃的采矿坑、滩涂造地等。

5.0.3 资源化利用和填埋处置工程选址前应收集、分析下列基础资料：

1 城市总体规划、土地利用规划和环境卫生设施专项规划；

2 土地利用价值及征地费用；

3 附近居住情况与公众反映；

4 资源化利用产品的出路；

5 地形、地貌及相关地形图；

6 工程地质与水文地质条件；

7 道路、交通运输、给排水、供电条件；

8 洪水位、降水量、夏季主导风向及风速、基本风压值；

9 服务范围的建筑垃圾量、性质及收集运输情况。

5.0.4 资源化利用和填埋处置工程选址应符合下列规定：

1 应符合当地城市总体规划、环境卫生设施专项规划以及国家现行有关标准的规定。

2 应与当地的大气防护、水土资源保护、自然保护及生态平衡要求相一致。

3 工程地质与水文地质条件应满足设施建设和运行的要求，不应选在发震断层、滑坡、泥石流、沼泽、流沙及采矿陷落区等地区。

4 应交通方便、运距合理，并应综合建筑垃圾处理厂的服务区域、建筑垃圾收集运输能力、产品出路、预留发展等因素。

5 应有良好的电力、给水和排水条件。

6 应位于地下水贫乏地区、环境保护目标区域的地下水流向的下游地区，及夏季主导风向下风向。

7 厂址不应受洪水、潮水或内涝的威胁。当必须建在该类地区时，应有可靠的防洪、排涝措施，其防洪标准应符合现行国家标准《防洪标准》GB 50201 的有关规定。

5.0.5 转运调配、资源化利用、填埋处置工程宜与其他固体废物处理设施或建筑材料利用设施同址建设。

5.0.6 转运调配、资源化利用、填埋处置工程选址应按下列顺序进行：

1 应在全面调查与分析的基础上，初定 3 个或 3 个以上候选厂（场）址，并应通过对候选厂（场）址进行踏勘，对场地的地形、地貌、植被、地质、水文、气象、供电、给排水、交通运输及场址周围人群居住情况等进行对比分析，推荐 2 个或 2 个以上预选厂（场）址；

2 应对预选厂（场）址方案进行技术、经济、社会及环境比较后，推荐一个拟定厂（场）址，并应再对拟定厂（场）址进行地形测量、初步勘察和初步工艺方案设计，完成选址报告或可行性研究报告，通过审查确定厂（场）址。

6 总 体 设 计

6.1 一 般 规 定

6.1.1 总占地面积应按远期规模确定。用地指标应符合国家有关工程项目建设用地指标的有关规定。

6.1.2 主体设施构成应包括如下内容：

1 转运调配场主体设施应包括围挡设施、分类堆放区、场区道路和地基处理等。

2 资源化处理工程应包括计量设施、预处理系统、资源化利用系统、原料及成品贮存系统、通风除尘系统、污水处理系统、厂区道路、地基处理、防洪等。

3 堆填处理工程应包括计量设施、预处理系统、垃圾坝、地基处理、防洪及雨水导排系统、地下水导排系统、场区道路、封场工程及监测井等。

4 填埋处置工程应包括计量设施、预处理系统、垃圾坝、地基处理、防渗系统、防洪及雨污分流系统、地下水导排系统、污水收集与处理系统、场区道路、封场工程及监测井等。

6.1.3 辅助设施构成应包括进厂（场）道路、供配电、给排水设施、生活和行政办公管理设施、设备维修、消防和安全卫生设施、车辆冲洗、通信、信息化及监控、应急设施（包括建筑垃圾临时存放、紧急照明）等。

6.1.4 竖向设计应结合原有地形，做到有利于雨污分流导排和减少土石方工程量，并宜使土石方平衡。

6.2 总平面布置

6.2.1 总平面布置应根据厂（场）址地形，结合风向（夏季主导风）、地质条件、周围自然环境、外部工程条件等，并考虑施工、作业等因素，经过技术经济比较确定。

6.2.2 总平面布置应有利于减少建筑垃圾运输和处理过程中的粉尘、噪声等对周围环境的影响，并应防止各设施间的交叉污染。

6.2.3 宜分别设置人流和物流出入口，两出入口不得相互影响，且应做到进出车辆畅通。

6.2.4 分期建设的工程应在总平面布置时预留分期工程场地。

6.2.5 资源化处理工程及填埋处置工程总平面布置及绿化应符合现行国家标准《工业企业总平面设计规范》GB 50187 的规定。

6.2.6 资源化处理工程总平面布置应以预处理及资源化利用厂房为主体进行布置，其他各项设施应按建筑垃圾处理流程、功能分区，合理布置，并应做到整体效果协调。

6.2.7 堆填及填埋处置工程总平面布置应符合下列规定：

1 应以填埋库区为重点进行布置，填埋库区占地面积宜为总面积的 70%～90%，不得小于 60%。每平方米填埋库区建筑垃圾填埋量不宜低于 10m³。

2 填埋库区应按照分区进行布置，库区分区应实施雨污分流，分区的顺序应有利于垃圾场内运输和填埋作业，应考虑与各库区进场道路的衔接。

3 污水处理区处理构筑物间距应紧凑、合理，并应符合现行国家标准《建筑设计防火规范》GB 50016 的规定，同时应满足各构筑物的施工、设备安装和埋设各种管道以及养护、维修和管理的要求。

6.2.8 辅助设施布置应符合下列规定：

1 宜布置在夏季主导风向的上风向，与预处理区、资源化利用区、填埋库区、污水处理区之间宜设绿化隔离带。

2 管理区各项建（构）筑物的组成及其面积应符合国家现行相关标准的规定。

6.2.9 场（厂）区管线布置应符合下列规定：

1 雨污分流导排管线应全面安排，做到导排通畅。

2 管线布置应避免相互干扰，应使管线长度短、水头损失小、流通顺畅、不易堵塞和便于清通。各种管线应用不同颜色加以区别。

6.3 厂（场）区道路

6.3.1 道路的设置，应满足交通运输和消防的需求，并应与厂区竖向设计、绿化及管线敷设相协调。

6.3.2 道路路线设计应根据厂区地形、地质、处理作业顺序、各处理阶段以及预处理区、污水处理区和管理区位置合理布置。

6.3.3 道路应符合下列规定：

1 主要道路当为双向通行时，宽度不宜小于 7m；当为单向通行时，宽度不宜小于 4m。坡道中心圆曲线半径不宜小于 15m，纵坡不应大于 8％。圆曲线处道路的加宽应根据通行车型确定。宜设置应急停车场，应急停车场可设在厂区物流出入口附近。

2 厂（场）区主要车间（预处理车间、资源化利用厂房、仓库、污水处理车间等）周围应设宽度不小于 4m 的环形消防车道。

3 道路应满足全天候使用并做好排水措施。

4 主干道路面宜采用水泥混凝土或沥青混凝土。

5 资源化处理工程道路的荷载等级应符合现行国家标准《厂矿道路设计规范》GBJ 22 的有关规定。坡道应按现行行业标准《公路工程技术标准》JTG B01 的规定执行。

6 填埋处置场道路应根据其功能要求分为永久性道路和库区内临时性道路进行布局。永久性道路应按现行国家标准《厂矿道路设计规范》GBJ 22 中的露天矿山道路三级或三级以上标准设计；库区内临时性道路及回（会）车和作业平台可采用中级或低级路面，并宜有防滑、防陷设施。

6.4 计量设施

6.4.1 资源化利用及填埋处置工程应设置汽车衡进行称重计量，计量房应设置在处理工程的交通入口处，并应具有良好的通视条件。

6.4.2 汽车衡设置数量应符合下列规定：

1 Ⅰ类处理工程设置 3 台或以上。

2 Ⅱ类、Ⅲ类处理工程设置 2 台～3 台。

3 Ⅳ类、Ⅴ类处理工程设置 1 台～2 台。

6.4.3 计量设施应具有称重、记录、打印与数据处理、传输功能，宜配置备用电源。

6.4.4 计量地磅应采用建筑垃圾场车辆计量专用的动静态电子地磅，地磅规格宜按建筑垃圾车最大满载重量的 1.3 倍～1.7 倍配置，称量精度不宜小于贸易计量Ⅲ级。

6.4.5 地磅进车端的道路坡度不宜过大，宜设置为平坡直线段，地磅前方 10m 处宜设置减速装置。

6.5 绿化与防护

6.5.1 绿化布置应符合总平面布置和竖向设计要求，合理安排绿化用地，厂（场）区绿化率宜控制在 30％以内。

6.5.2 绿化应结合当地的自然条件，选择适宜的植物。

6.5.3 建筑垃圾处理工程下列区域宜设置绿化带：

   1 工程出入口；

   2 生产区与管理区之间；

   3 防火隔离带外；

   4 受西晒的建筑物；

   5 受雨水冲刷的地段；

   6 资源化处理工程厂区道路两侧；

   7 堆填与填埋处置场永久性道路两侧，填埋库区封场覆盖区域。

6.5.4 生产区与管理区之间以及填埋库区周边应设置防尘、防噪措施；填埋库区周围宜设安全防护设施。

6.5.5 建（构）筑物应进行防雷设计，并应符合现行国家标准《建筑物防雷设计规范》GB 50057 的规定。

7 收集运输与转运调配

7.1 收集运输

7.1.1 装修垃圾宜采用预约上门方式收集。

7.1.2 建筑垃圾进入收集系统前宜根据收运车辆和收运方式的需要进行破碎、脱水、压缩等预处理。

7.1.3 工程泥浆陆上运输应采用密闭罐车，水上运输应采用密闭分隔仓。其他建筑垃圾陆上运输宜采用密闭厢式货车，水上运输宜采用集装箱。建筑垃圾散装运输车或船表面应有效遮盖，建筑垃圾不得裸露和散落。

7.1.4 建筑垃圾运输车厢盖和集装箱盖宜采用机械密闭装置，开启、关闭动作应平稳灵活，车厢与集装箱底部宜采取防渗措施。

7.1.5 建筑垃圾运输工具应容貌整洁、标志齐全，车厢、集装箱、车辆底盘、车轮、船舶无大块泥沙等附着物。

7.1.6 建筑垃圾装载高度最高点应低于车厢栏板高度 0.15m 以上，车辆装载完毕后，厢盖应关闭到位，装载量不得超过车辆额定载重量。

7.2 转 运 调 配

7.2.1 暂时不具备堆填处置条件，且具有回填利用或资源化再生价值的建筑垃圾可进入转运调配场。

7.2.2 进场建筑垃圾应根据工程渣土、工程泥浆、工程垃圾、拆除垃圾和装修垃圾及其细分类堆放，并应设置明显的分类堆放标志。

7.2.3 转运调配场堆放区可采取室内或露天方式，并应采取有效的防尘、降噪措施。露天堆放的建筑垃圾应及时遮盖，堆放区地坪标高应高于周围场地至少 0.15m，四周应设置排水沟，满足场地雨水导排要求。

7.2.4 建筑垃圾堆放高度高出地坪不宜超过 3m。当超过 3m 时，应进行堆体和地基稳定性验算，保证堆体和地基的稳定安全。当堆放场地附近有挖方工程时，应进行堆体和挖方边坡稳定性验算，保证挖方工程安全。

7.2.5 转运调配场应合理设置开挖空间及进出口。

7.2.6 转运调配场可根据后端处理处置设施的要求，配备相应的预处理设施，预处理设施宜设置在封闭车间内，并应采取有效的防尘、降噪措施。

7.2.7 转运调配场应配备装载机、推土机等作业机械，配备机械数量应与作业需求相适应。

7.2.8 生产管理区应布置在转运调配区的上风向，并宜设置办公用房等设施。总调配量在 50000m³ 以上的转运调配场宜设置维修车间等设施。

8 资 源 化 利 用

8.1 一 般 规 定

8.1.1 建筑垃圾资源化可采用就地利用、分散处理、集中处理等模式，宜优先就地利用。

8.1.2 建筑垃圾应按成分进行资源化利用。土类建筑垃圾可作为制砖和道路工程等用原料；废旧混凝土、碎砖瓦等宜作为再生建材用原料；废沥青宜作为再生沥青原料；废金属、木材、塑料、纸张、玻璃、橡胶等，宜由有关专业企业作为原料直接利用或再生。

8.1.3 进入固定式资源化厂的建筑垃圾宜以废旧混凝土、碎砖瓦等为主，进厂物料粒径宜小于 1m，大于 1m 的物料宜先预破碎。

8.1.4 应根据处理规模配备原料和产品堆场，原料堆场贮存时间不宜小于 30d，制品堆场贮存时间不应小于各类产品的最低养护期，骨料堆场不宜小于 15d。

8.1.5 建筑垃圾原料贮存堆场应保证堆体的安全稳定性，并应采取防尘措施，可根据后续工艺进行预湿；建筑垃圾卸料、上料及处理过程中易产生扬尘的环节应采取抑尘、降尘及除尘措施。

8.1.6 资源化利用应选用节能、高效的设备，建筑垃圾再生骨料综合能耗应符合表 8.1.6 中能耗限额限定值的规定。

表 8.1.6　单位再生骨料综合能耗限额限定值

自然级配再生骨料 产品规格分类（粒径）	标煤耗 （t标煤/10^4 t骨料）
0～80mm	≤5.0
0～37.5mm	≤9.0
0～5mm，5mm～10mm，5mm～20mm	≤12.0

8.1.7 进厂建筑垃圾的资源化率不应低于95%。

8.2　混凝土、砖瓦类再生处理

8.2.1 再生处理前应对建筑垃圾进行预处理，可包括分类、预湿及大块物料简单破碎。

8.2.2 再生处理应符合下列规定：

　　1 处理系统应主要包括破碎、筛分、分选等工艺，具体工艺路线应根据建筑垃圾特点和再生产品性能要求确定。

　　2 破碎设备应具备可调节破碎出料尺寸功能，可多种破碎设备组合运用。破碎工艺宜设置检修平台或智能控制系统。

　　3 分选宜以机械分选为主、人工分选为辅。

8.2.3 应合理布置生产线，减少物料传输距离。应合理利用地势势能和传输带提升动能，设计生产线工艺高程。

8.2.4 再生处理工艺应根据进厂物料特性、资源化利用工艺、产品形式与出路等综合确定，可分为固定式和移动式两种，固定式处理工艺流程可按本标准附录 A 的规定，移动式处理工艺流程可按本标准附录 B 的规定。处理工艺应包括给料、除土、破碎、筛分、分选、粉磨、输送、贮存、除尘、降噪、废水处理等工序，各工序配置宜根据原料与产品确定。

8.2.5 给料系统应符合下列规定：

　　1 工艺流程中设置预筛分环节的，建筑垃圾原料应给至预筛分设备。

　　2 工艺流程中未设置预筛分环节的，建筑垃圾原料应给至一级破碎设备。给料应结合除土工艺进行，宜采用棒条式振动给料方式。给料机应保证机械刚度和间隙可调。

　　3 给料口规格尺寸和给料速度应保证后续生产的连续稳定并与设计能力相匹配。

8.2.6 除土系统应符合下列规定：

　　1 工艺流程中设置预筛分环节的，除土应结合预筛分进行。

　　2 工艺流程中未设置预筛分环节的，除土应结合一级破碎给料进行。

　　3 预筛分设备宜选用重型筛，筛网孔径应根据除土需要和产品规格设计进行选择。

8.2.7 破碎系统应符合下列规定：

　　1 应根据产品需求选择一级、二级或以上破碎。

　　2 一级破碎设备可采用颚式破碎机或反击式破碎机，二级破碎设备可采用反击式破碎机或锤式破碎机。

　　3 在每级破碎过程中，宜通过闭路流程使大粒径的物料返回破碎机再次破碎。

　　4 破碎设备应采取防尘和降噪措施。

8.2.8 筛分系统应符合下列规定：

　　1 筛分宜采用振动筛。

　　2 筛网孔径选择应与产品规格设计相适应。

　　3 筛分设备应采取防尘和降噪措施。

8.2.9 分选系统应符合下列规定：

　　1 分选应根据处理对象特点和产品性能要求合理选择。

　　2 应有磁选分离装置，将钢筋、铁屑等金属物质分离。

　　3 可采用风选或水选将木材、塑料、纸片等轻物质分离。

　　4 宜设置人工分选平台，将不易破碎的大块轻质物料及少量金属选出，人工分选平台宜设置在预筛分或一级破碎后的物料传送阶段。

　　5 磁选和轻物质分选可多处设置。

　　6 轻物质分选率不应低于 95%。

　　7 分选出的杂物应集中收集、分类堆放。

8.2.10 粉磨系统应符合下列规定：

　　1 应采取防尘降噪措施。

　　2 可添加适用的助磨剂。

8.2.11 输送系统应符合下列规定：

　　1 宜采用皮带输送设备。

　　2 传输皮带送料过程中应注意漏料及防尘。

　　3 皮带输送机的最大倾角应根据输送物料的性质、作业环境条件、胶带类型、带速及控制方式等确定，上运输送机非大倾角皮带输送机的最大倾角不宜大于 17°，下运输送机非大倾角皮带输送机的最大倾角不宜大于 12°，大倾角输送机等特种输送机最大倾角可提高。

8.2.12 产品贮存应符合下列规定：

　　1 再生骨料堆场布置应与筛分环节相协调，堆场大小应与贮存量相匹配。

　　2 应按不同类别、规格分别存放。

　　3 再生粉体贮存应封闭。

8.2.13 防尘系统应符合下列规定：

　　1 有条件的企业宜采用湿法工艺防尘。

　　2 易产生扬尘的重点工序应采用高效抑尘收尘设施，物料落地处应采取有效抑尘措施。

　　3 应加强排风，风量、吸尘罩及空气管路系统的设计应遵循低阻、大流量的原则。

　　4 车间内应设计集中除尘设施，可采用布袋式除尘加静电除尘组合方式，除尘能力应与粉尘产生量相适应。

8.2.14 噪声控制应符合下列规定：

　　1 应优选选用噪声值低的建筑垃圾处理设备，同时应在设备处设置隔声设施，设施内宜采用多孔吸声材料。

　　2 固定式处理主要破碎设备可采用下沉式设计。

　　3 封闭车间宜采用少窗结构，所用门窗宜选用双层或多层隔声门窗，内壁表面宜装饰吸音材料。

4 应合理设置绿化和围墙。

5 可利用建筑物合理布局，阻隔声波传播，高噪声源应在厂区中央尽量远离敏感点。

6 作业场所噪声控制指标应符合现行国家标准《工业企业噪声控制设计规范》GB/T 50087的规定。

8.2.15 当采用湿法工艺或水选工艺时，应采用沉淀池处理污水，生产废水应循环利用。

8.3 沥青类再生处理

8.3.1 回收沥青路面材料再生处理，应筛分成不少于两档的材料，且最大粒径应小于再生沥青混合料用集料最大公称粒径。

8.3.2 沥青类建筑垃圾回收和贮存应符合下列规定：

1 回收和贮存过程中不应混入基层废料、水泥混凝土废料、杂物、土等杂质。

2 不同的回收沥青路面材料应分别回收，宜按来源、粒级分别贮存。

3 回收沥青路面材料的贮存场所应具有防雨功能，避免长期堆放、结块。

8.3.3 回收沥青路面材料的再生处理应符合现行行业标准《公路沥青路面再生技术规范》JTG F41的规定。

8.4 再生产品应用

8.4.1 道路用再生级配骨料和再生骨料无机混合料应符合下列规定：

1 建筑垃圾再生骨料、再生粉体可作为再生级配骨料直接应用于道路工程，也可制成再生骨料无机混合料应用于道路工程。用于道路路面基层时，其最大粒径不应大于31.5mm，用于道路路面底基层时，其最大粒径不应大于37.5mm。再生级配骨料与再生骨料无机混合料应符合现行行业标准《道路用建筑垃圾再生骨料无机混合料》JC/T 2281的规定。

2 道路路床用建筑垃圾再生骨料的最大粒径不宜超过80mm。

3 再生骨料无机混合料按无机结合料的种类可分为水泥稳定、石灰粉煤灰稳定、水泥粉煤灰稳定三类。

4 再生级配骨料和再生骨料无机混合料用于道路工程，其施工与质量验收应符合现行行业标准《公路路面基层施工技术细则》JTG/T F20和《城镇道路工程施工与质量验收规范》CJJ 1的规定。

8.4.2 再生骨料砖和砌块应符合下列规定：

1 再生骨料和再生粉体可用于再生骨料砖和砌块的生产。

2 再生骨料砖的性能应符合现行行业标准《建筑垃圾再生骨料实心砖》JG/T 505、《蒸压灰砂多孔砖》JC/T 637、《再生骨料应用技术规程》JGJ/T 240的有关规定。

3 再生骨料砌块的性能应符合国家现行标准《普通混凝土小型砌块》GB/T 8239、《轻集料混凝土小型空心砌块》GB/T 15229、《蒸压加气混凝土砌块》GB 11968、《装饰混凝土砌块》JC/T 641、《再生骨料应用技术规程》JGJ/T 240的规定。

8.4.3 再生骨料混凝土与砂浆应符合下列规定：

1 再生骨料混凝土和砂浆用再生细骨料应符合现行国家标准《混凝土和砂浆用再生

细骨料》GB/T 25176 的有关规定；混凝土用再生粗骨料应符合现行国家标准《混凝土用再生粗骨料》GB/T 25177 的有关规定。

2 再生骨料混凝土和砂浆用再生骨料、技术要求、配合比设计、制备与验收等应符合现行行业标准《再生骨料应用技术规程》JGJ/T 240 的规定。

3 当再生骨料混凝土用于公路工程时，再生骨料应按照现行行业标准《公路工程集料试验规程》JTG E42 的有关规定进行试验。用于路面的再生骨料混凝土，其性能指标应符合现行行业标准《公路水泥混凝土路面设计规范》JTG D40 和《公路水泥混凝土路面施工技术细则》JTG F30 的规定；用于桥涵的再生骨料混凝土，其性能指标应符合现行行业标准《公路桥涵施工技术规范》JTG/T F50 的规定。

4 再生粉体用于混凝土和砂浆应经过严格的试验验证。

8.4.4 回收沥青路面材料的资源化利用应符合现行行业标准《公路沥青路面再生技术规范》JTG F41 的规定。

8.5 其他再生处理

8.5.1 建筑垃圾中废金属的再生处理应符合现行国家标准《废钢铁》GB/T 4223、《铝及铝合金废料》GB/T 13586、《铜及铜合金废料》GB/T 13587 等的相关规定。

8.5.2 建筑垃圾中废木材的再生处理应符合现行国家标准《废弃木质材料回收利用管理规范》GB/T 22529、《废弃木质材料分类》GB/T 29408 的规定。

8.5.3 建筑垃圾中废塑料的再生处理应符合现行行业标准《废塑料回收分选技术规范》SB/T 11149 的规定。

8.5.4 建筑垃圾中废玻璃的再生处理应符合现行行业标准《废玻璃回收分拣技术规范》SB/T 11108、《废玻璃分类》SB/T 10900 的规定。

8.5.5 建筑垃圾中废橡胶的再生处理应符合现行国家标准《再生橡胶 通用规范》GB/T 13460 的规定。

9 堆 填

9.1 一 般 规 定

9.1.1 堆填宜优先选择开挖工程渣土、工程泥浆、工程垃圾等。

9.1.2 进场物料粒径宜小于 0.3m，大粒径物料宜先进行破碎预处理且级配合理方可堆填。

9.1.3 进场物料中废沥青、废旧管材、废旧木材、金属、橡（胶）塑（料）、竹木、纺织物等含量不大于 5% 时可进行堆填处理。

9.1.4 工程渣土与泥浆应经预处理改善高含水率、高黏度、易流变、高持水性和低渗透系数的特性，改性后的物料含水率小于 40%、相关力学指标符合标准要求后方可堆填。

9.1.5 堆填前应清除基底的垃圾、树根等杂物，抽除坑穴积水、淤泥，验收基底标高。如在耕植土或松土上填方，应在基底压实后再进行。

9.2　堆 填 要 求

9.2.1　填方应尽量选用同性质土料堆填。

9.2.2　堆填场应设置排水措施，雨季作业时，应采取措施防止地面水流入堆填点内部，避免边坡塌方。

9.2.3　在堆填现场主要出入口宜设置洗车台，外出车辆宜冲洗干净后进入市政道路。

9.2.4　堆填施工过程中，分层厚度、压实遍数宜符合表 9.2.4 的规定。

表 9.2.4　堆填施工时的分层厚度及压实遍数

压实机具	分层厚度（mm）	每层压实遍数
平　碾	250～300	6～8
振动压实机	250～350	3～4
柴油打夯机	200～250	3～4
人工夯实	<200	3～4

9.2.5　堆填施工边坡坡度不宜大于 1∶2，基础压实程度不应小于 93%，边坡压实程度不应小于 90%。

9.2.6　堆填作业应控制填高速率，如果填高超过 3m 且堆填速率超过 3m/月，应对堆体和地基稳定性进行监测。

9.3　设施设备配置及要求

9.3.1　堆填机械设备选择应符合下列规定：

　　1　装运机械宜选择装载机、自卸车、推土机、铲运机、装载机、翻斗车等。

　　2　压实机械宜选择平碾、羊足碾、振动碾、蛙式打夯机、冲击夯、振动平板等。

　　3　调节含水量机械宜选择洒水车、圆盘耙、旋耕犁等。

　　4　辅助工具可包括全站仪或其他测量设备、简易土工试验设备、手推车、铁锹、筛子（孔径 40mm～60mm）、木耙、钢卷尺、线、胶皮管等。

9.3.2　装运机械作业前应检查各工作装置、行走机构、各部安全防护装置，确认齐全完好，方可启动工作。

9.3.3　自卸汽车就位后应拉紧手制动器。自卸汽车卸料时，车厢上空和附近应无障碍物，严禁在斜坡侧向倾卸，不得距离基坑边缘过近卸料，防止车辆倾覆。自卸汽车卸料后，车厢必须及时复位，不得在倾斜情况下行驶，严禁车厢内载人。

9.3.4　各种机械应定期保养，机械操作人员应建立岗位责任制，做到持证上岗，严禁无证操作。

10 填 埋 处 置

10.1 一 般 规 定

10.1.1 进场物料粒径宜小于 0.3m，大粒径物料宜先进行破碎预处理且级配合理方可填埋处置，尖锐物宜进行打磨后填埋处置。

10.1.2 进场物料中废沥青、废旧管材、废旧木材、金属、橡（胶）塑（料）、竹木、纺织物等含量大于 5% 时宜进行填埋处置。

10.1.3 工程渣土与泥浆应经预处理改善渣土和余泥的高含水率、高黏度、易流变、高持水性和低渗透系数的特性，改性后的物料含水率小于 40%、相关力学指标符合标准要求后方可填埋处置。

10.2 地基处理与场地平整

10.2.1 填埋库区地基应是具有承载填埋体负荷的自然土层或经过地基处理的稳定土层。对不能满足承载力、沉降限制及稳定性等工程建设要求的地基，应进行相应的处理。

10.2.2 填埋库区地基及其他建（构）筑物地基的设计应按国家现行标准《建筑地基基础设计规范》GB 50007 及《建筑地基处理技术规范》JGJ 79 的有关规定执行。

10.2.3 在选择地基处理方案时，应经过实地的考察和岩土工程勘察，结合填埋堆体结构、基础和地基的共同作用，经过技术经济比较确定。

10.2.4 填埋库区地基应进行承载力计算及最大堆高验算。

10.2.5 应防止地基沉降造成防渗衬里材料和污水收集管的拉伸破坏，应对填埋库区地基进行地基沉降及不均匀沉降计算。

10.2.6 填埋库区地基边坡设计应按国家现行标准《建筑边坡工程技术规范》GB 50330、《水利水电工程边坡设计规范》SL 386、《生活垃圾卫生填埋场岩土工程技术规范》CJJ 176 有关规定执行。

10.2.7 经稳定性初步判别有可能失稳的地基边坡以及初步判别难以确定稳定性状的边坡应进行稳定计算。

10.2.8 对可能失稳的边坡，宜进行边坡支护等处理。边坡支护结构形式可根据场地地质和环境条件、边坡高度以及边坡工程安全等级等因素选定。

10.2.9 场地平整应满足填埋库容、边坡稳定、防渗系统铺设及场地压实度等方面的要求。

10.2.10 场地平整宜与填埋库区膜的分期铺设同步进行，并应设置堆土区，用于临时堆放开挖的土方。

10.2.11 场地平整应结合填埋场地形资料和竖向设计方案，选择合理的方法进行土方量计算。填挖土方相差较大时，应调整库区设计高程。

10.3 垃圾坝与坝体稳定性

10.3.1 垃圾坝分类应符合下列规定：

1 根据坝体材料不同，坝型可分为（黏）土坝、碾压式土石坝、浆砌石坝及混凝土坝四类。采用一种筑坝材料的应为均质坝，采用二种及以上筑坝材料的应为非均质坝。

2 根据坝体高度不同，坝高可分为低坝（低于 5m）、中坝（5m～15m）及高坝（高于 15m）。

3 根据坝体所处位置及主要作用不同，坝体位置类型分类宜符合表 10.3.1-1 的要求。

表 10.3.1-1 坝体位置类型分类表

坝体分类	类型	坝体位置	坝体主要作用
A	围堤	平原型库区周围	形成初始库容、防洪
B	截洪坝	山谷型库区上游	拦截库区外地表径流并形成库容
C	下游坝	山谷型或库区与调节池之间	形成库容的同时形成调节池
D	分区坝	填埋库区内	分隔填埋库区

4 根据垃圾坝下游情况、失事后果、坝体类型、坝型（材料）及坝体高度不同，坝体建筑级别分类宜符合表 10.3.1-2 的规定。

表 10.3.1-2 垃圾坝体建筑级别分类表

建筑级别	坝下游存在的建（构）筑物及自然条件	失事后果	坝体类型	坝型（材料）	坝高
I	生产设备、生活管理区	对生产设备造成严重破坏，对生活管理区带来严重损失	C	混凝土坝、浆砌石坝	≥20m
				土石坝、黏土坝	≥15m
II	生产设备	仅对生产设备造成一定破坏或影响	A、B、C	混凝土坝、浆砌石坝	≥10m
				土石坝、黏土坝	≥5m
III	农田、水利或水环境	影响不大，破坏较小，易修复	A、D	混凝土坝、浆砌石坝	<10m
				土石坝、黏土坝	<5m

注：当坝体根据表中指标分属于不同级别时，其级别应按最高级别确定。

10.3.2 坝址、坝高、坝型及筑坝材料选择应符合下列规定：

1 坝址选择应根据填埋场岩土工程勘察及地形地貌等方面的资料，结合坝体类型、筑坝材料来源、气候条件、施工交通情况等因素，经技术经济比较确定。

2 坝高选择应综合考虑填埋堆体坡脚稳定、填埋库容及投资等因素，经过技术经济比较确定。

3 坝型选择应综合考虑地质条件、筑坝材料来源、施工条件、坝高、坝基防渗要求等因素，经技术经济比较确定。

4 筑坝材料的调查和土工试验应按现行行业标准《水利水电工程天然建筑材料勘察规程》SL 251 和《土工试验规程》SL 237 的规定执行。土石坝的坝体填筑材料应以压实度作为设计控制指标。

10.3.3 坝基处理及坝体结构设计应符合下列规定：

1 垃圾坝地基处理应符合国家现行标准《建筑地基基础设计规范》GB 50007、《建筑地基处理技术规范》JGJ 79、《碾压式土石坝设计规范》SL 274、《混凝土重力坝设计规范》SL 319 及《碾压式土石坝施工规范》DL/T 5129 的相关规定。

2 坝基处理应满足渗流控制、静力和动力稳定、允许总沉降量和不均匀沉降量等方面要求，保证垃圾坝的安全运行。

3 坝坡设计方案应根据坝型、坝高、坝的建筑级别、坝体和坝基的材料性质、坝体所承受的荷载以及施工和运用条件等因素，经技术经济比较确定。

4 坝顶宽度及护面材料应根据坝高、施工方式、作业车辆行驶要求、安全及抗震等因素确定。

5 坝坡马道的设置应根据坝面排水、施工要求、坝坡要求和坝基稳定等因素确定。

6 垃圾坝护坡方式应根据坝型（材料）和坝体位置等因素确定。

7 坝体与坝基、边坡及其他构筑物的连接应符合下列规定：

1）连接面不应发生水力劈裂和邻近接触面岩石大量漏水；

2）不应形成影响坝体稳定的软弱层面；

3）不应由于边坡形状或坡度不当引起不均匀沉降而导致坝体裂缝。

8 坝体防渗处理应符合下列规定：

1）土坝的防渗处理，可采用与填埋库区边坡防渗相同的处理方式。

2）碾压式土石坝、浆砌石坝及混凝土坝的防渗，宜采用特殊锚固法进行锚固。

3）穿过垃圾坝的管道防渗，应采用管靴连接管道与防渗材料。

10.3.4 坝体稳定性分析应符合下列规定：

1 垃圾坝体建筑级别为Ⅰ、Ⅱ类的，在初步设计阶段应进行坝体安全稳定性分析计算。

2 坝体稳定性分析的抗剪强度计算，宜按现行行业标准《碾压式土石坝设计规范》SL 274 的有关规定执行。

10.4 地下水收集与导排

10.4.1 根据填埋场场址水文地质情况，当可能发生地下水对基础层稳定或对防渗系统破坏时，应设置地下水收集导排系统。

10.4.2 地下水水量的计算宜根据填埋场址的地下水水力特征和不同埋藏条件分不同情况计算。

10.4.3 根据地下水水量、水位及其他水文地质情况的不同，可选择采用碎石导流层、导排盲沟、土工复合排水网导流层等方法进行地下水导排或阻断。地下水收集导排系统应具有长期的导排性能。

10.4.4 地下水收集导排系统可参照污水收集导排系统进行设计。地下水收集管管径可根据地下水水量进行计算确定，干管外径不应小于 250mm，支管外径不宜小于 200mm。

10.4.5 当填埋库区所处地质为不透水层时，可采用垂直防渗帷幕配合抽水系统进行地下水导排。垂直防渗帷幕的渗透系数不应大于 1.0×10^{-5} cm/s。

10.5 防 渗 系 统

10.5.1 防渗系统应根据填埋场工程地质与水文地质条件进行选择。当天然基础层饱和渗透系数小于 1.0×10^{-7} cm/s，且场底及四壁衬里厚度不小于 2m 时，可采用天然黏土类衬里结构。当天然黏土基础层进行人工改性压实后达到天然黏土衬里结构的等效防渗性能要求时，可采用改性压实黏土类衬里作为防渗结构。

10.5.2 人工合成衬里的防渗系统宜采用复合衬里防渗结构，位于地下水贫乏地区的防渗系统可采用单层衬里防渗结构。

10.5.3 复合衬里结构应符合下列规定：

1 库区底部复合衬里结构宜符合图 10.5.3 的规定，各层应符合下列规定：

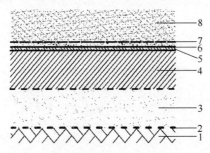

图 10.5.3 库区底部复合衬里结构示意
1—基础层；2—反滤层（可选择层）；3—地下水导流层（可选择层）；
4—复合防渗兼膜下保护层；5—膜防渗层；6—膜上保护层；
7—污水导排层；8—缓冲层

1）基础层的土压实度不应小于 93%。

2）反滤层（可选择层）宜采用土工滤网，规格不宜小于 200g/m²。

3）地下水导流层（可选择层）宜采用卵（砾）石等石料，厚度不应小于 30cm，石料上应铺设非织造土工布，规格不宜小于 200g/m²。

4）复合防渗兼膜下保护层当采用黏土时，黏土渗透系数不应大于 1.0×10^{-5} cm/s，厚度不宜小于 75cm，且不含砾石、金属、树枝等尖锐物；当采用 GCL 膨润土毯时，渗透系数不应大于 5.0×10^{-9} cm/s，规格不应小于 4800g/m²。

5）膜防渗层应采用 HDPE 土工膜，厚度不应小于 1.5mm。

6）膜上保护层宜采用非织造土工布，规格不宜小于 800g/m²。

7）污水导排层宜采用卵（砾）石等石料，厚度不应小于 30cm，粒径宜为 20mm～60mm，$CaCO_3$ 含量不应大于 10%，石料下可增设土工复合排水网，规格不小于 5mm；石料上应设反滤层，反滤层宜采用土工滤网，规格不宜小于 200g/m²。

8）缓冲层宜采用袋装土，厚度不小于 500mm。

2 库区边坡复合衬里结构应符合下列规定：

1）基础层的土压实度不应小于 90%。

    2）复合防渗兼膜下保护层当采用黏土时，黏土渗透系数不应大于 1.0×10^{-5} cm/s，厚度不宜小于 20cm，且不含砾石、金属、树枝等尖锐物；当采用 GCL 膨润土毯时，渗透系数不应大于 5.0×10^{-9} cm/s，规格不应小于 $4800g/m^2$。

    3）防渗层应采用 HDPE 土工膜，厚度不应小于 1.5mm。

    4）膜上保护层宜采用非织造土工布，规格不宜小于 $800g/m^2$。

    5）缓冲层宜采用袋装土，厚度不小于 500mm。

10.5.4 单层衬里结构应符合下列规定：

    1 库区底部单层衬里结构宜符合图 10.5.4 的规定，各层应符合下列规定：

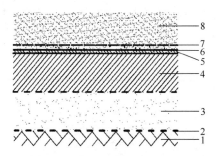

图 10.5.4 库区底部单层衬里结构示意

1—基础层；2—反滤层（可选择层）；3—地下水导流层（可选择层）；

4—膜下保护层；5—膜防渗层；6—膜上保护层；

7—污水导排层；8—缓冲层

    1）基础层的土压实度不应小于 93%。

    2）反滤层（可选择层）宜采用土工滤网，规格不宜小于 $200g/m^2$。

    3）地下水导流层（可选择层）宜采用卵（砾）石等石料，厚度不应小于 30cm，石料上应铺设非织造土工布，规格不宜小于 $200g/m^2$。

    4）膜下保护层当采用土层时，土层厚度不宜小于 75cm，且不含砾石、金属、树枝等尖锐物；当采用非织造土工布时，规格不宜小于 $600g/m^2$。

    5）膜防渗层应采用 HDPE 土工膜，厚度不应小于 1.5mm。

    6）膜上保护层宜采用非织造土工布，规格不宜小于 $800g/m^2$。

    7）污水导排层宜采用卵（砾）石等石料，厚度不应小于 30cm，粒径宜为 20mm～60mm，$CaCO_3$ 含量不应大于 10%，石料下可增设土工复合排水网，规格不小于 5mm；石料上应设反滤层，反滤层宜采用土工滤网，规格不宜小于 $200g/m^2$。

    8）缓冲层宜采用袋装土，厚度不小于 500mm。

    2 库区边坡单层衬里结构应符合下列规定：

    1）基础层的土压实度不应小于 90%。

    2）膜下保护层当采用土层时，土层厚度不宜小于 20cm，且不含砾石、金属、树枝等尖锐物；当采用非织造土工布时，规格不宜小于 $600g/m^2$。

    3）防渗层应采用 HDPE 土工膜，厚度不应小于 1.5mm。

    4）膜上保护层宜采用非织造土工布，规格不宜小于 $800g/m^2$。

    5）缓冲层宜采用袋装土，厚度不小于 500mm。

10.5.5 在穿过 HDPE 土工膜防渗系统的竖管、横管或斜管与 HDPE 土工膜的接口处，应进行防渗漏处理。

10.5.6 当在垂直高差较大的边坡铺设防渗材料时，应设锚固平台，平台高差应结合实际地形确定，不宜大于 10m。边坡坡度不宜大于 1：2。

10.5.7 防渗材料锚固方式可采用矩形覆土锚固沟，也可采用水平覆土锚固、"V" 形槽覆土锚固和混凝土锚固；在岩石边坡、陡坡及调节池等混凝土上进行锚固，可采用 HDPE 嵌钉土工膜、HDPE 型锁条、机械锚固等方式进行锚固。

10.5.8 锚固沟的设计应符合下列规定：

    1 锚固沟距离边坡边缘不宜小于 800mm。

    2 防渗材料转折处不应存在直角的刚性结构，均应做成弧形结构。

    3 锚固沟断面应根据锚固形式，结合实际情况加以计算，不宜小于 800mm×800mm。

    4 锚固沟中压实度不得小于 93%。

    5 特殊情况下应对锚固沟的尺寸和锚固能力进行计算。

10.5.9 黏土作为膜下复合防渗兼保护层时的处理应符合下列规定：

    1 平整度应达到每平方米黏土层误差不得大于 2cm。

    2 黏土层不应含有粒径大于 5mm 的尖锐物料。

    3 位于库区底部的黏土层压实度不得小于 93%，位于库区边坡的黏土层不得小于 90%。

10.5.10 HDPE 土工膜应符合现行行业标准《垃圾填埋场用高密度聚乙烯土工膜》CJ/T 234 的相关规定。

10.5.11 GCL 膨润土毯应符合现行行业标准《钠基膨润土防水毯》JG/T 193 的相关规定。

10.5.12 土工滤网应符合现行行业标准《垃圾填埋场用土工滤网》CJ/T 437 的相关规定。

10.5.13 土工复合排水网应符合现行行业标准《垃圾填埋场用土工排水网》CJ/T 452 的相关规定。

10.5.14 非织造土工布应符合现行行业标准《垃圾填埋场用非织造土工布》CJ/T 430 的相关规定。

10.6 污水导排与处理

10.6.1 污水水质与水量计算应符合下列规定：

    1 污水水质参数宜通过取样测试确定，也可参考国内同类地区同类型的填埋场实际情况合理选取。

    2 污水产生量宜采用经验公式法进行计算，计算时应充分考虑填埋场所处气候区域，建筑垃圾渗出水量可忽略不计。产生量计算方法应符合本标准附录 C 的规定。

    3 污水产生量计算取值应符合下列规定：

        1）指标应包括最大日产生量、日平均产生量及逐月平均产生量的计算；

        2）当设计计算污水处理规模时应采用日平均产生量；

  3）当设计计算污水导排系统时应采用最大日产生量；

  4）当设计计算调节池容量时应采用逐月平均产生量。

10.6.2 污水收集系统应符合下列规定：

  1 填埋库区污水收集系统应包括盲沟、集液井（池）、泵房、调节池及污水水位监测井。

  2 盲沟设计应符合下列规定：

  1）盲沟宜采用卵（砾）石铺设，石料的渗透系数不应小于 1.0×10^{-3} cm/s，$CaCO_3$ 含量不应大于 10%。主盲沟石料厚度不宜小于 40cm，粒径从上到下依次为 20mm～30mm、30mm～40mm、40mm～60mm。

  2）盲沟内应设置高密度聚乙烯（HDPE）收集管，管径应根据所收集面积的污水最大日流量、设计坡度等条件计算，HDPE 收集干管公称外径不应小于 315mm，支管外径不应小于 200mm。

  3）HDPE 收集管的开孔率应保证环刚度要求。HDPE 收集管的布置宜呈直线。

  4）主盲沟坡度应保证污水能快速通过污水 HDPE 干管进入调节池，纵、横向坡度不宜小于 2%。

  5）盲沟系统宜采用鱼刺状和网状布置形式。

  6）盲沟断面形式可采用菱形断面或梯形断面，断面尺寸应根据污水汇流面积、HDPE 管管径及数量确定。

  7）中间覆盖层的盲沟应与竖向收集井相连接，其坡度应能保证污水快速进入收集井。

  3 集液井（池）宜按库区分区情况设置，并宜设在填埋库区外侧。

  4 调节池设计应符合下列规定：

  1）调节池容积宜按本标准附录 D 的计算要求确定，调节池容积不应小于 3 个月的污水处理量。

  2）调节池可采用 HDPE 土工膜防渗结构，也可采用钢筋混凝土结构。

  3）HDPE 土工膜防渗结构调节池的池坡比宜小于 1∶2，防渗结构设计可按本标准第 11.4 节的相关规定执行。

  4）钢筋混凝土结构调节池池壁应作防腐蚀处理。

  5）调节池宜设置 HDPE 膜覆盖系统，覆盖系统设计应考虑覆盖膜顶面的雨水导排、膜下的沼气导排及池底污泥的清理。

  5 库区污水水位应控制在污水导流层内。应监测填埋堆体内污水水位，当出现高水位时，应采取有效措施降低水位。

10.6.3 污水处理应符合下列规定：

  1 污水处理后排放标准应达到国家现行相关标准的指标要求或环保部门规定执行的排放标准。

  2 污水处理工艺应根据污水的水质特性、产生量和达到的排放标准等因素，通过多方案技术经济比较进行选择。

  3 污水处理宜采用"预处理＋物化处理"的工艺组合。

  4 污水预处理可采用混凝沉淀、砂滤等工艺。

5 污水物化处理可采用纳滤（NF）、反渗透（RO）、蒸发、回喷法、吸附法、化学氧化等工艺。

6 污水处理中产生的污泥和浓缩液应进行无害化处置。

10.7 地 表 水 导 排

10.7.1 填埋场防洪系统应符合下列规定：

1 填埋场防洪系统设计应符合现行国家标准《防洪标准》GB 50201、《城市防洪工程设计规范》GB/T 50805 的规定。防洪标准应按不小于 50 年一遇洪水水位设计，按 100 年一遇洪水水位校核。

2 填埋场防洪系统可根据地形设置截洪坝、截洪沟以及跌水和陡坡、集水池、洪水提升泵站、穿坝涵管等构筑物。洪水流量可采用小流域经验公式计算。

3 当填埋库区外汇水面积较大时，宜根据地形设置数条不同高程的截洪沟。

4 填埋场外无自然水体或排水沟渠时，截洪沟出水口宜根据场外地形走向、地表径流流向、地表水体位置等设置排水管渠。

10.7.2 填埋库区雨污分流系统应符合下列规定：

1 填埋库区雨污分流系统应阻止未作业区域的汇水流入垃圾堆体，应根据填埋库区分区和填埋作业工艺进行设计。

2 填埋库区分区雨污分流设计应符合下列规定：

　1）平原型填埋场的分区应以水平分区为主，坡地型、山谷型填埋场的分区宜采用水平分区与垂直分区相结合的设计；

　2）水平分区应设置具有防渗功能的分区坝，各分区应根据使用顺序不同铺设雨污分流导排管；

　3）垂直分区宜结合边坡临时截洪沟进行设计，当建筑垃圾堆高达到临时截洪沟高程时，可将边坡截洪沟改建成污水收集盲沟。

3 分区作业雨污分流应符合下列规定：

　1）使用年限较长的填埋库区，宜进一步划分作业分区；

　2）未进行作业的分区雨水应通过管道导排或泵抽排的方法排出库区外；

　3）作业分区宜根据一定时间填埋量划分填埋单元和填埋体，通过填埋单元的日覆盖和填埋体的中间覆盖实现雨污分流。

4 封场后雨水应通过堆体表面排水沟排入截洪沟等排水设施。

10.8 封 　 场

10.8.1 填埋场封场设计应考虑堆体整形与边坡处理、封场覆盖结构类型、填埋场生态恢复、土地利用与水土保持、堆体的稳定性等因素。

10.8.2 填埋场封场堆体整形设计应满足封场覆盖层的铺设和封场后生态恢复与土地利用的要求。

10.8.3 堆体整形顶面坡度不宜小于 5%。边坡大于 10% 时宜采用多级台阶，台阶间边坡坡度不宜大于 1∶3，台阶宽度不宜小于 2m。

10.8.4 填埋场封场覆盖结构宜按图 10.8.4 的规定，并应符合下列规定：

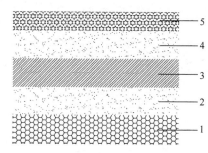

图 10.8.4 封场覆盖系统示意
1—垃圾层；2—支撑及排气层（可选择层）；3—防渗层；
4—排水层；5—植被层

1 对支撑及排气层，当有填埋气产生时，填埋场堆体顶面宜采用粗粒或多孔材料，厚度不宜小于 30cm，边坡宜采用土工复合排水网，厚度不应小于 5mm。

2 防渗层宜采用黏土或替代土层，可采用高密度聚乙烯 HDPE 土工膜或线性低密度聚乙烯 LLDPE 土工膜。采用黏土或替代土层的渗透系数不宜大于 1.0×10^{-7} cm/s，厚度不应小于 30cm；采用高密度聚乙烯（HDPE）土工膜或线性低密度聚乙烯（LLDPE）土工膜，厚度不应小于 1mm，膜上应敷设非织造土工布，规格不宜小于 $300g/m^2$；膜下应敷设防渗保护层。

3 对于排水层，堆体顶面宜采用粗粒或多孔材料，厚度不宜小于 30cm，边坡宜采用土工复合排水网，厚度不应小于 5mm。

4 植被层应采用自然土加表层营养土，厚度应根据种植植物的根系深浅确定，营养土厚度不宜小于 15cm。

10.8.5 填埋场封场覆盖后，应及时采用植被逐步实施生态恢复，并应与周边环境相协调。

10.8.6 填埋场封场后应继续进行污水导排和处理、填埋气体导排、环境与安全监测等运行管理，直至填埋体达到稳定。

10.8.7 填埋场封场后宜进行水土保持的相关维护工作。

10.8.8 填埋场封场后的土地利用前应做出场地稳定化鉴定、土地利用论证，并经环境卫生、岩土、环保等部门鉴定。

10.9 填埋堆体稳定性

10.9.1 填埋堆体的稳定性应考虑封场覆盖、堆体边坡及堆体沉降的稳定。

10.9.2 封场覆盖应进行滑动稳定性分析，确保封场覆盖层的安全稳定。

10.9.3 填埋堆体边坡的稳定性计算宜按照现行国家标准《建筑边坡工程技术规范》GB 50330 中土坡计算方法的有关规定执行。

10.9.4 堆体沉降稳定宜根据沉降速率与封场年限来判断。

10.9.5 填埋场运行期间宜设置堆体变形与污水导流层水位监测设备设施，对填埋堆体典型断面的沉降、水平移动情况及污水导流层水头进行监测，根据监测结果对滑移等危险征兆采取应急控制措施。堆体变形与污水水位监测宜按照现行行业标准《生活垃圾卫生填埋场岩土工程技术规范》CJJ 176 中有关规定执行。

10.10 填埋作业与管理

10.10.1 填埋场作业人员应经过技术培训和安全教育,应熟悉填埋作业要求及填埋气体安全知识。运行管理人员应熟悉填埋作业工艺、技术指标及填埋气体的安全管理。

10.10.2 填埋作业规程应完备,并应制定应急预案。

10.10.3 应制订分区分单元填埋作业计划,作业分区应采取有利于雨污分流的措施。

10.10.4 装载、挖掘、运输、摊铺、压实、覆盖等作业设备应按填埋日处理规模和作业工艺设计要求配置。

10.10.5 填埋物进入填埋场应进行检查和计量。垃圾运输车辆离开填埋场前宜冲洗轮胎和底盘。

10.10.6 填埋应采用单元、分层作业,填埋单元作业工序应为卸车、分层摊铺、压实,达到规定高度后应进行覆盖、再压实。填埋单元作业时应控制填埋作业面面积。

10.10.7 每层垃圾摊铺厚度应根据填埋作业设备的压实性能、压实次数确定,厚度不宜超过 60cm,且宜从作业单元的边坡底部到顶部摊铺。

10.10.8 每一单元的建筑垃圾高度宜为 2m～4m,最高不应超过 6m。单元作业宽度按填埋作业设备的宽度及高峰期同时进行作业的车辆数确定,最小宽度不宜小于 6m。单元的坡度不宜大于 1∶3。

10.10.9 每一单元作业完成后,应进行覆盖。采用高密度聚乙烯土工膜(HDPE)或线型低密度聚乙烯膜(LLDPE)覆盖时,膜的厚度宜为 0.5mm,采用土覆盖的厚度宜为 20cm～30cm,采用喷涂覆盖的涂层干化后厚度宜为 6mm～10mm。

10.10.10 作业场所应采取抑尘措施。

10.10.11 当每一作业区完成阶段性高度后,暂时不在其上继续进行填埋时,应进行中间覆盖,覆盖层厚度应根据覆盖材料确定,黏土覆盖层厚度宜大于 30cm,膜厚度不宜小于 0.75mm。

10.10.12 填埋场场内设施、设备应定期检查维护,发现异常应及时修复。

10.10.13 填埋场作业过程的安全卫生管理应符合现行国家标准《生产过程安全卫生要求总则》GB/T 12801 的有关规定。

10.10.14 填埋场应按建设、运行、封场、跟踪监测、场地再利用等阶段进行管理。

10.10.15 填埋场建设的有关文件资料,应按国家有关规定进行整理与保管。

10.10.16 填埋场日常运行管理中应记录进场垃圾运输车号、车辆数量、建筑垃圾量、污水产生量、材料消耗等,记录积累的技术资料应完整,统一归档保管。填埋作业管理宜采用计算机网络管理。填埋场的计量应达到国家三级计量认证。

11　公　用　工　程

11.1　电　气　工　程

11.1.1　生产用电应从附近电力网引接，其接入电压等级应根据工程的总用电负荷及附近电力网的具体情况，经技术经济比较后确定。

11.1.2　继电保护和安全自动装置与接地装置应符合现行国家标准《电力装置的继电保护和自动装置设计规范》GB/T 50062 及《交流电气装置的接地设计规范》GB/T 50065 的有关规定。

11.1.3　照明设计应符合现行国家标准《建筑照明设计标准》GB 50034 的有关规定。正常照明和事故照明宜采用分开的供电系统。

11.1.4　电缆选择与敷设，应符合现行国家标准《电力工程电缆设计标准》GB 50217 的有关规定。

11.2　给　排　水　工　程

11.2.1　给水工程设计应符合现行国家标准《室外给水设计标准》GB 50013 和《建筑给水排水设计规范》GB 50015 的有关规定。

11.2.2　当采用井水作为给水时，饮用水水质应符合现行国家标准《生活饮用水卫生标准》GB 5749 的有关规定，用水标准及定额应符合现行国家标准《建筑给水排水设计规范》GB 50015 的有关规定。

11.2.3　排水工程设计应符合现行国家标准《室外排水设计规范》GB 50014 和《建筑给水排水设计规范》GB 50015 的有关规定。

11.3　消　　防

11.3.1　消防设施的设置应符合现行国家标准《建筑设计防火规范》GB 50016 和《建筑灭火器配置设计规范》GB 50140 的有关规定。

11.3.2　电气消防设计应符合现行国家标准《建筑设计防火规范》GB 50016 和《火灾自动报警系统设计规范》GB 50116 中的有关规定。

11.4　采暖、通风与空调

11.4.1　各建筑物的采暖、空调及通风设计应符合现行国家标准《工业建筑供暖通风与空气调节设计规范》GB 50019 和《民用建筑供暖通风与空气调节设计规范》GB 50736 中的有关规定。

12 环境保护与安全卫生

12.1 环境保护

12.1.1 资源化利用和填埋处置工程应有雨、污分流设施，防止污染周边环境。

12.1.2 资源化处理工程应通过洒水降尘、封闭设备、局部抽吸等措施控制粉尘污染，并应符合下列规定：

1 雾化洒水降尘措施洒水强度和频率根据温度、面积、建筑垃圾物料性质、风速等条件设置。

2 局部抽吸换气次数不宜低于 6 次/h，含尘气体经过除尘装置处理后，排放应按现行国家标准《大气污染物综合排放标准》GB 16297 规定执行。

12.1.3 建筑垃圾处理全过程噪声控制应符合下列规定：

1 建筑垃圾收集、运输、处理系统应选取低噪声运输车辆，车辆在车厢开启、关闭、卸料时产生的噪声不应超过 82dB(A)；

2 宜通过建立缓冲带、设置噪声屏障或封闭车间控制处理工程噪声；

3 资源化处理车间，宜采取隔声罩、隔声间或者在车间建筑内墙附加吸声材料等方式降低噪声；

4 场（厂）界噪声应符合现行国家标准《工业企业厂界环境噪声排放标准》GB 12348 的规定。

12.1.4 建筑垃圾处理工程的环境影响评价及环境污染防治应符合下列规定：

1 在进行可行性研究的同时，应对建设项目的环境影响作出评价；

2 建设项目的环境污染防治设施，应与主体工程同时设计、同时施工、同时投产使用；

3 建筑垃圾处理作业过程中产生的各种污染物的防治与排放，应贯彻执行国家现行的环境保护法规和有关标准的规定。

12.1.5 建筑垃圾填埋库区应设置地下水本底监测井、污染扩散监测井、污染监测井。填埋场应进行水、气、土壤及噪声的本底监测和作业监测，填埋库区封场后应进行跟踪监测直至填埋体稳定。监测井和采样点的布设、监测项目、频率及分析方法应按现行国家相关标准执行。

12.2 劳动保护安全

12.2.1 从事建筑垃圾收集、运输、处理的单位应对作业人员进行劳动安全卫生保护专业培训。

12.2.2 建筑垃圾处理工程应按规定配置作业机械、劳动工具与职业病防护用品。

12.2.3 应在建筑垃圾处理工程现场设置劳动防护用品贮存室，定期进行盘库和补充；应定期对使用过的劳动防护用品进行清洗和消毒；应及时更换有破损的劳动防护用品。

12.2.4 建筑垃圾处理工程应设道路行车指示、安全标志及环境卫生设施设置标志。

12.2.5 建筑垃圾收集、运输、处理系统的环境保护与安全卫生除满足以上规定外，尚应符合国家现行相关标准的规定。

12.2.6 建筑垃圾堆放、堆填、填埋处置高度和边坡应符合安全稳定要求。

<h2 style="text-align:center">12.3 职 业 卫 生</h2>

12.3.1 建筑垃圾处理工程现场的劳动卫生应按现行国家标准《工业企业设计卫生标准》GBZ 1、《生产过程安全卫生要求总则》GB/T 12801 的有关规定执行，并应结合作业特点采取有利于职业病防治和保护作业人员健康的措施。

<h1 style="text-align:center">附录 A 固定式处理设施生产工艺流程</h1>

A.0.1 固定式处理设施生产工艺应采用图 A.0.1 的流程。

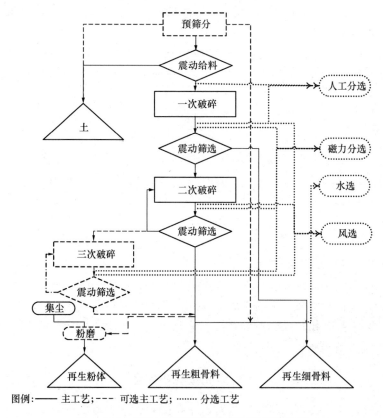

图 A.0.1 固定式处理设施生产工艺流程示意

附录 B　移动式处理设施生产工艺流程

B.0.1　移动式处理设施生产工艺流程应采用图 B.0.1 的流程。

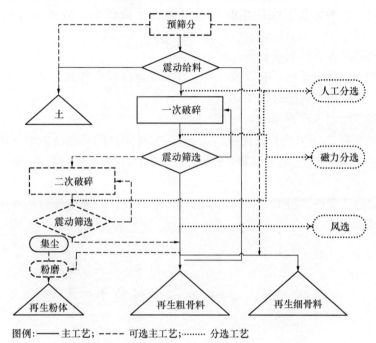

图例：—— 主工艺；- - - 可选主工艺；········· 分选工艺

图 B.0.1　移动式处理设施生产工艺流程示意

附录 C　污水产生量计算方法

C.0.1　污水最大日产生量、日平均产生量及逐月平均产生量宜按下式计算，其中浸出系数应结合填埋场实际情况选取：

$$Q = I \times (C_1A_1 + C_2A_2 + C_3A_3 + C_4A_4)/1000 \tag{C.0.1}$$

式中：Q——污水产生量（m³/d）；

　　　I——降水量（mm/d），当计算污水最大日产生量时，取历史最大日降水量，当计算污水日平均产生量时，取多年平均日降水量，当计算污水逐月平均产生量时，取多年逐月平均降雨量；数据充足时，宜按 20 年的数据计取；数据不足 20 年时，可按现有全部年数据计取；

　　　C_1——正在填埋作业区浸出系数，宜取 0.4～1.0，具体取值宜根据现场作业及覆盖方式确定；

A_1——正在填埋作业区汇水面积（m²）；

C_2——已中间覆盖区浸出系数，当采用膜覆盖时宜取（0.2～0.3）C_1，当采用土覆盖时宜取（0.4～0.6）C_1，覆盖材料渗透系数较小、整体密封性好时宜取低值，覆盖材料渗透系数较大、整体密封性较差时宜取高值；

A_2——已中间覆盖区汇水面积（m²）；

C_3——已终场覆盖区浸出系数，宜取 0.1～0.2；若覆盖材料渗透系数较小、整体密封性好时宜取下限；若覆盖材料渗透系数较大、整体密封性较差时宜取上限；

A_3——已终场覆盖区汇水面积（m²）；

C_4——调节池浸出系数，取 0 或 1.0，当调节池设置有覆盖系统时取 0，当调节池未设置覆盖系统时取 1.0；

A_4——调节池汇水面积（m²）。

C.0.2 当本标准第 C.0.1 条的公式中 A_1、A_2、A_3 随不同的填埋时期取不同值时，污水产生量设计值应在最不利情况下计算，即在 A_1、A_2、A_3 的取值使得 Q 最大的时候进行计算。

C.0.3 当考虑生活管理区污水等其他因素时，污水的设计处理规模宜在其产生量的基础上乘以适当系数。

附录 D 调节池容量计算方法

D.0.1 调节池容量可按表 D.0.1 进行计算。

表 D.0.1 调节池容量计算表

月份	多年平均逐月降雨量（mm）	逐月污水产生量（m³）	逐月污水处理量（m³）	逐月污水余量（m³）
1	M_1	A_1	B_1	$C_1 = A_1 - B_1$
2	M_2	A_2	B_2	$C_2 = A_2 - B_2$
3	M_3	A_3	B_3	$C_3 = A_3 - B_3$
4	M_4	A_4	B_4	$C_4 = A_4 - B_4$
5	M_5	A_5	B_5	$C_5 = A_5 - B_5$
6	M_6	A_6	B_6	$C_6 = A_6 - B_6$
7	M_7	A_7	B_7	$C_7 = A_7 - B_7$
8	M_8	A_8	B_8	$C_8 = A_8 - B_8$
9	M_9	A_9	B_9	$C_9 = A_9 - B_9$
10	M_{10}	A_{10}	B_{10}	$C_{10} = A_{10} - B_{10}$
11	M_{11}	A_{11}	B_{11}	$C_{11} = A_{11} - B_{11}$
12	M_{12}	A_{12}	B_{12}	$C_{12} = A_{12} - B_{12}$

注：表 D.0.1 中将（1～12）月中 $C > 0$ 的月污水余量累计相加，即为需要调节的总容量。

D.0.2　逐月污水产生量可根据本标准第 C.0.1 条的公式计算，其中 I 可取多年逐月降雨量，经计算得出逐月污水产生量 $A_1 \sim A_{12}$。

D.0.3　逐月污水余量可按下式计算：

$$C = A - B \qquad\qquad (D.0.3)$$

式中：C——逐月污水余量（m^3）；

　　　A——逐月污水产生量（m^3），可按本标准第 C.0.1 条的公式计算；

　　　B——逐月污水处理量（m^3）。

D.0.4　计算值宜按历史最大日降雨量或 20 年一遇连续七日最大降雨量进行校核，在当地没有上述历史数据时，也可采用现有全部年数据进行校核。并将校核值与上述计算出来的需要调节的总容量进行比较，取其中较大者，在此基础上乘以安全系数 1.1~1.3 即为所取调节池容积。

D.0.5　当采用历史最大日降雨量进行校核时，可参考下式计算：

$$Q_1 = I_1 \times (C_1 A_1 + C_2 A_2 + C_3 A_3 + C_4 A_4)/1000 \qquad\qquad (D.0.5)$$

式中：Q_1——校核容积（m^3）；

　　　I_1——历史最大日降雨量（m^3）；

C_1、C_2、C_3、C_4 与 A_1、A_2、A_3、A_4 的取值同公式（C.0.1）。

本标准用词说明

1　为便于在执行本标准条文时区别对待，对要求严格程度不同的用词说明如下：

　1）表示很严格，非这样做不可的：
　　　正面词采用"必须"，反面词采用"严禁"；

　2）表示严格，在正常情况下均应这样做的：
　　　正面词采用"应"，反面词采用"不应"或"不得"；

　3）表示允许稍有选择，在条件许可时首先应这样做的：
　　　正面词采用"宜"，反面词采用"不宜"；

　4）表示有选择，在一定条件下可以这样做的，采用"可"。

2　条文中指明应按其他有关标准执行的写法为："应符合……的规定"或"应按……执行"。

引用标准名录

1 《建筑地基基础设计规范》GB 50007

2 《室外给水设计标准》GB 50013

3 《室外排水设计规范》GB 50014

4 《建筑给水排水设计规范》GB 50015

5 《建筑设计防火规范》GB 50016

6 《工业建筑供暖通风与空气调节设计规范》GB 50019

7 《厂矿道路设计规范》GBJ 22

8 《建筑照明设计标准》GB 50034

9 《建筑物防雷设计规范》GB 50057

10 《电力装置的继电保护和自动装置设计规范》GB/T 50062

11 《交流电气装置的接地设计规范》GB/T 50065

12 《工业企业噪声控制设计规范》GB/T 50087

13 《火灾自动报警系统设计规范》GB 50116

14 《建筑灭火器配置设计规范》GB 50140

15 《工业企业总平面设计规范》GB 50187

16 《防洪标准》GB 50201

17 《电力工程电缆设计标准》GB 50217

18 《建筑边坡工程技术规范》GB 50330

19 《民用建筑供暖通风与空气调节设计规范》GB 50736

20 《城市防洪工程设计规范》GB/T 50805

21 《工业企业设计卫生标准》GBZ 1

22 《废钢铁》GB/T 4223

23 《生活饮用水卫生标准》GB 5749

24 《普通混凝土小型砌块》GB/T 8239

25 《蒸压加气混凝土砌块》GB 11968

26 《工业企业厂界环境噪声排放标准》GB 12348

27 《生产过程安全卫生要求总则》GB/T 12801

28 《再生橡胶 通用规范》GB/T 13460

29 《铝及铝合金废料》GB/T 13586

30 《铜及铜合金废料》GB/T 13587

31 《轻集料混凝土小型空心砌块》GB/T 15229

32 《大气污染物综合排放标准》GB 16297

33 《废弃木质材料回收利用管理规范》GB/T 22529

34 《混凝土和砂浆用再生细骨料》GB/T 25176

35 《混凝土用再生粗骨料》GB/T 25177

36 《废弃木质材料分类》GB/T 29408

37 《城镇道路工程施工与质量验收规范》CJJ 1

38 《生活垃圾卫生填埋场岩土工程技术规范》CJJ 176

39 《碾压式土石坝施工规范》DL/T 5129

40 《建筑地基处理技术规范》JGJ 79

41 《再生骨料应用技术规程》JGJ/T 240

42 《公路工程技术标准》JTG B01

43 《公路水泥混凝土路面设计规范》JTG D40

44 《公路工程集料试验规程》JTG E42

45 《公路路面基层施工技术细则》JTG/T F20

46 《公路水泥混凝土路面施工技术细则》JTG F30

47 《公路沥青路面再生技术规范》JTG F41

48 《公路桥涵施工技术规范》JTG/T F50

49 《废玻璃分类》SB/T 10900

50 《废玻璃回收分拣技术规范》SB/T 11108

51 《废塑料回收分选技术规范》SB/T 11149

52 《土工试验规程》SL 237

53 《水利水电工程天然建筑材料勘察规程》SL 251

54 《碾压式土石坝设计规范》SL 274

55 《混凝土重力坝设计规范》SL 319

56 《水利水电工程边坡设计规范》SL 386

57 《垃圾填埋场用高密度聚乙烯土工膜》CJ/T 234

58 《垃圾填埋场用非织造土工布》CJ/T 430

59 《垃圾填埋场用土工滤网》CJ/T 437

60 《垃圾填埋场用土工排水网》CJ/T 452

61 《蒸压灰砂多孔砖》JC/T 637

62 《装饰混凝土砌块》JC/T 641

63 《道路用建筑垃圾再生骨料无机混合料》JC/T 2281

64 《钠基膨润土防水毯》JG/T 193

65 《建筑垃圾再生骨料实心砖》JG/T 505

附录 D 《建筑垃圾再生骨料实心砖》 JG/T 573－2016 摘编

1 范围

本标准规定了建筑垃圾再生骨料实心砖的术语和定义、规格、等级、分类与标记、原材料、技术要求、试验方法、检验规则、标志、包装、贮存和运输等。

本标准适用于以建筑垃圾再生骨料为主要原料、水泥等为胶凝材料制成的非烧结实心砖。

3 术语和定义

GB/T 18968、JC/T 4660 中确立的以及下列术语和定义适用于本文件。

3.1

建筑垃圾再生骨料 construction wastes recycled aggregate
由建筑垃圾中的混凝土、砂浆、石、砖瓦等加工而成的粒料。以下简称再生骨料。

3.2

建筑垃圾再生骨料实心砖 construction waste recycled aggregate solid brick
将再生骨料、水泥、矿物掺合料、外加剂和水等原料，经计量、搅拌、振动压制成型、养护制成的非烧结实心砖，包括普通砖（见图 1）和装饰砖（见图 2），其中装饰砖具有装饰面层。

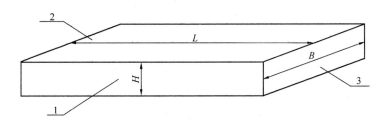

图 1 建筑垃圾再生骨料普通砖
1—条面；2—大面；3—顶面；
L—长；B—宽；H—高

3.3

装饰面层 decorative layer
建筑垃圾再生骨料实心砖表面用于装饰，具有质感和颜色的面层。

126

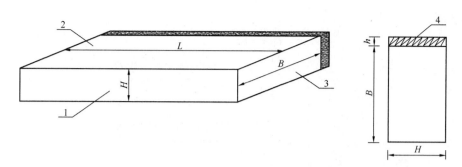

图 2 建筑垃圾再生骨料装饰砖

1—条面；2—大面；3—顶面；4—饰面层；

L—长；B—宽；H—高；h—饰面层厚度

注：本图以条面装饰面层为例。

3.4

再生骨料细粉含量 Content of particles finer than $300\mu m$ in recycled aggregate

再生骨料中粒径小于 $300\mu m$ 的颗粒的含量。

4 分类与标记

4.1 分类

建筑垃圾再生骨料实心砖分为普通砖和装饰砖。

4.2 等级

4.2.1 按表 1 规定的体积密度分为 A、B、C 三个密度等级。

表 1 密度等级   单位为千克每立方米

密度等级	体积密度
A	≥2000
B	1681～2000
C	≤1680

4.2.2 按抗压强度分为 MU3.5、MU5、MU7.5、MU10、MU15、MU20 六个等级。

4.3 规格

建筑垃圾再生骨料实心砖的主规格尺寸为：长 240mm、宽 115mm、高 53mm，其他规格由供需双方协商确定。

4.4 标记

4.4.1 标记方法

建筑垃圾再生骨料实心砖的标记由代号、规格尺寸、强度等级、密度等级和标准编号五部分组成。表示如下：

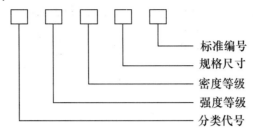

标准编号
规格尺寸
密度等级
强度等级
分类代号

4.4.2 标记示例

示例一

规格 240mm ×115mm ×53mm ，密度等级 B，强度等级 MU10 的建筑垃圾再生骨料普通砖表示为：RB-MU10-B-240×115×53-JG/T ×××-2015。

示例二

规格 240mm ×115mm ×53mm ，密度等级 B，强度等级 MU7.5 的建筑垃圾再生骨料装饰砖表示为：RAB-MU7.5-B-240×115×53-JG/T ×××-2015。

5 原材料

5.1 再生骨料

再生骨料的最大粒径不应大于 8mm，可按 0～3mm、3～8mm 两粒级控制。全部再生骨料的性能要求可参考附录 A。

6 技术要求

6.1 外观质量

外观质量应符合表 2 的规定。

表 2 外观质量　　　　　　　　　　　　　　　　单位为毫米

项目名称		技术要求
弯曲		≤2.0
缺棱掉角	个数（个）	≤1
	三个方向投影尺寸任一尺寸	≤10
完整面a		不少于一条面和一顶面
裂缝长度	大面宽度方向及其延伸到条面长度	不大于 30
	大面长度方向及其延伸到顶面上的长度或条、顶面水平裂缝长度	不大于 50
颜色		基本一致
层裂		不允许

注 a：凡有下列缺陷之一者，不得称为完整面：

（1）缺损在条面或顶面上造成的破坏面尺寸同时大于 10mm ×10mm；

（2）条面或顶面上裂纹宽度大于 1mm，其长度超过 30mm；

（3）装饰面层完整的要求是其不得有在任一方向大于 10mm 的缺损和长度大于 10mm、宽度大于 1mm 的裂缝。

128

6.2 尺寸偏差

尺寸允许偏差应符合表 3 的规定。

表 3 尺寸允许偏差 单位为毫米

公称尺寸	标准值
240	−1～+2
115	−2～+2
53	−1～+2

6.3 装饰面层

6.3.1 厚度

装饰面层厚度不应小于 5mm。

6.3.2 拉伸粘结性能

装饰面层拉伸粘结试验结果应合格。

6.4 密度等级

密度等级应符合 4.2.1 的规定。

6.5 强度

抗压强度应符合表 4 的规定。

表 4 抗压强度等级 单位为兆帕

强度等级	抗压强度平均值，≥	单块最小值，≥
MU20	20.0	16.0
MU15	15.0	12.0
MU10	10.0	8.0
MU7.5	7.5	6.0
MU5	5.0	4.0
MU3.5	3.5	2.8

6.6 吸水率

吸水率应符合表 5 的规定。

表 5 吸水率 单位为%

密度等级	A 级	B 级	C 级
吸水率，≤	13	15	17

6.7 干燥收缩率和相对含水率

干燥收缩率和相对含水率应符合表 6 的规定。

表 6 干燥收缩率和相对含水率 单位为％

干燥收缩率,％	相对含水率		
	潮湿环境	中等环境	干燥环境
≤0.060	≤40	≤35	≤30

注:潮湿系指年平均相对湿度大于75％的地区;中等系指年平均相对湿度50％～75％的地区;
干燥系指年平均相对湿度小于50％的地区。

6.8 抗冻性

抗冻性应符合表 7 的规定。

表 7 抗冻性指标 单位为％

使用条件	抗冻指标	强度损失,≤	质量损失,≤
夏热冬暖	F15		
夏热冬冷	F25	25	5
寒冷地区	F35		
严寒地区	F50		

6.9 碳化性能和软化性能

6.9.1 碳化系数不应小于 0.80。

6.9.2 软化性能应符合表 8 的规定。

表 8 软化性能

密度等级	A 级	B 级	C 级
软化系数	≥0.85	0.80～0.85	0.70～0.80

6.10 放射性

放射性应符合 GB 6566 的规定。

附录 E 《道路用建筑垃圾再生骨料无机混合料》
JC/T 2281－2014 摘编

1 范围

本标准规定了道路用建筑垃圾再生骨料无机混合料的术语和定义、分类、原材料、技术要求、配合比设计、制备、试验方法、检验规则以及订货与交货。

本标准适用于城镇道路路面基层及底基层用建筑垃圾再生骨料无机混合料，公路各等级道路可参照本标准执行。

3 术语和符号

3.1

再生骨料 recycled aggregate
由建筑垃圾中的混凝土、砂浆、石、砖瓦等加工而成的粒料。

3.2

再生级配骨料 recycled graded aggregate
掺用了再生骨料的级配骨料。

3.3

再生骨料无机混合料 recycled aggregate inorganic mixture
由再生级配骨料配制的无机混合料。

3.4

再生混凝土颗粒 recycled concrete particle
再生级配骨料中粒径 4.75mm 以上部分混凝土块及石块类粒料的总称。

3.5

杂物 impurities
再生骨料中除混凝土、砂浆、石、砖瓦、陶瓷之外的其他物质。

3.6

最佳含水率 optimum moisture content
材料在标准击实试验条件下，能达到最大干密度时的含水率，以 ω_0 表示。

4　分类

4.1　按照无机结合料的种类将建筑垃圾再生骨料无机混合料分为三种：水泥稳定再生骨料无机混合料、石灰粉煤灰稳定再生骨料无机混合料、水泥粉煤灰稳定再生骨料无机混合料。

4.2　再生级配骨料分为Ⅰ类、Ⅱ类。Ⅰ类再生级配骨料可用于城镇道路路面的底基层以及主干路及以下道路的路面基层，Ⅱ类再生级配骨料可用于城镇道路路面的底基层以及次干路、支路及以下道路的路面基层。

5　原材料

5.1　再生级配骨料

5.1.1　再生级配骨料的颗粒级配应符合表1、表2的规定。

表 1　水泥稳定的再生级配骨料颗粒组成

项目		通过质量百分率（%）	
		底基层	基层
筛孔尺寸	37.5mm	100	—
	31.5mm	—	100
	26.5mm	—	90～100
	19.0mm	—	72～89
	9.5mm	—	47～67
	4.75mm	50～100	29～49
	2.36mm	—	17～35
	1.18mm	—	—
	600μm	17～100	8～22
	75μm	0～30	0～7

表 2　石灰粉煤灰（水泥粉煤灰）稳定的再生级配骨料颗粒组成

项目		通过质量百分率（%）	
		底基层	基层
筛孔尺寸	37.5mm	100	—
	31.5mm	90～100	100
	19.0mm	72～90	81～98
	9.5mm	48～68	52～70
	4.75mm	30～50	30～50
	2.36mm	18～38	18～38
	1.18mm	10～27	10～27
	600μm	6～20	8～20
	75μm	0～7	0～7

5.1.2 再生级配骨料 4.75mm 以上部分应符合表 3 规定。

表 3 再生级配骨料（4.75mm 以上部分）性能指标要求   单位为％

项目	Ⅰ	Ⅱ
再生混凝土颗粒含量	≥90	—
压碎指标	≤30	≤45
杂物含量	≤0.5	≤1.0
针片状颗粒含量	≤20	

5.2 石灰

应符合 CJJ 1 的规定。有效钙镁含量在 40％以上的等外灰，经试验混合料 28d 抗压强度不小于 2.5MPa 时方可使用。

5.3 水泥

应符合 CJJ 1 的规定。

5.4 粉煤灰

应符合 CJJ 1 的规定。

5.5 水

应符合 JGJ63 的规定。

6 技术要求

6.1 水泥稳定再生骨料无机混合料

6.1.1 无侧限抗压强度

应符合表 4 的规定。

表 4 水泥稳定再生骨料无机混合料 7d 无侧限抗压强度   单位为兆帕

道路等级	快速路	主干路		其他等级道路	
结构部位	底基层	基层	底基层	基层	底基层
7d 抗压强度	≥2.5	3.0~4.0	≥2.0	2.5~3.5	≥1.5

6.1.2 含水率

Ⅰ类再生级配骨料配制的混合料含水率应在 $\omega_0{}^{+0.5}_{-1.0}$ 范围内；Ⅱ类再生级配骨料配制的混合料含水率应在 $\omega_0{}^{+0}_{-3.0}$ 范围内。

6.1.3 水泥掺量

应不小于配合比设计中确定的水泥掺量。

6.2 石灰粉煤灰稳定再生骨料无机混合料

6.2.1 无侧限抗压强度

应符合表 5 的规定。

表 5　石灰粉煤灰稳定再生骨料无机混合料 7d 抗压强度　　单位为兆帕

道路等级	快速路	主干路		其他等级道路	
结构部位	底基层	基层	底基层	基层	底基层
7d 抗压强度	≥0.6	≥0.8	≥0.6	≥0.8	≥0.5

6.2.2 含水率

Ⅰ类再生级配骨料配制的混合料含水率应在 $\omega_0{}^{+0.5}_{-1.5}$ 范围内；Ⅱ类再生级配骨料配制的混合料含水率应在 $\omega_0{}^{+0.5}_{-2.5}$ 范围内。

6.2.3 石灰掺量

石灰掺量应不小于配合比设计中确定的石灰掺量。

6.2.4 抗冻性能

中冰冻、重冰冻区路面基层 28d 龄期试件 5 次冻融循环后的残留抗压强度比不宜小于 70%。

注：冰冻区是以冻结指数为指标进行划分，重冻区不小于 2000℃·d，中冻区 800℃·d～2000℃·d。冻结指数是每年冬季负温度与天数乘积的累积值（℃·d）。

6.3 水泥粉煤灰稳定再生骨料无机混合料

6.3.1 无侧限抗压强度

应符合表 6 的规定。

表 6　水泥粉煤灰稳定再生骨料无机混合料 7d 无侧限抗压强度　　单位为兆帕

道路等级	快速路	主干路	其他等级道路	
结构部位	底基层	底基层	基层	底基层
7d 抗压强度	≥1.0	≥1.0	1.2～1.5	≥0.6

6.3.2 含水率

Ⅰ类再生级配骨料配制的混合料含水率应在 $\omega_0{}^{+0.5}_{-1.5}$ 范围内；Ⅱ类再生级配骨料配制的混合料含水率应在 $\omega_0{}^{+0.5}_{-2.5}$ 范围内。

6.3.3 水泥掺量

应不小于配合比设计中确定的水泥掺量。

7 配合比设计

7.1 水泥稳定再生骨料无机混合料

7.1.1 试配时水泥掺量宜按表7选取。

表7 水泥稳定再生骨料无机混合料试配水泥掺量　　　　单位为％

骨料类别	结构部位	水泥掺量			
Ⅰ类	基层	3	4	5	6
	底基层	3	4	5	6
Ⅱ类	基层	4	5	6	7
	底基层	3	4	5	6

7.1.2 应采用重型击实试验方法确定不同水泥掺量、混合料的最佳含水率和最大干密度。

7.1.3 按规定的压实度计算不同水泥掺量试件的干密度。

7.1.4 试件制备、养护和抗压强度测定应符合JTG E51－2009的有关要求。

7.1.5 根据抗压强度试验结果，选定水泥掺量，水泥最小掺量应不小于3％；当采用32.5强度等级的水泥时，水泥最小掺量应不小于4％。用内插法计算最大干密度和最佳含水率。

7.2 石灰粉煤灰稳定再生骨料无机混合料

7.2.1 制备不同比例的石灰粉煤灰混合料，采用重型击实试验方法确定不同比例石灰粉煤灰混合料的最佳含水率和最大干密度，对比相同龄期和相同压实度的抗压强度，选用试件强度最大的石灰粉煤灰比例。

7.2.2 试配时石灰掺量宜按表8选取。根据7.2.1确定石灰粉煤灰比例计算粉煤灰用量。

表8 石灰粉煤灰稳定再生骨料无机混合料试配石灰掺量　　　　单位为％

结构部位	石灰掺量			
基层	4	5	6	7
底基层	3	4	5	6

7.2.3 应采用重型击实试验方法确定不同石灰掺量混合料的最佳含水率和最大干密度。

7.2.4 按规定的压实度计算不同石灰掺量试件的干密度。

7.2.5 试件制备、养护和抗压强度测定应符合JTG E51的有关要求。

7.2.6 根据抗压强度试验结果，选定石灰掺量，石灰最小掺量应不小于3％；当采用Ⅱ类再生级配骨料时，石灰最小掺量不宜小于4％。用内插法计算混合料的最大干密度和最佳含水量。

7.3 水泥粉煤灰稳定再生骨料无机混合料

7.3.1 试配时水泥掺量宜在 3％～5％范围内；水泥粉煤灰与骨料的质量比宜为（12～17）∶（88～83）。

7.3.2 应采用重型击实试验方法确定不同水泥掺量混合料的最佳含水率和最大干密度。

7.3.3 按规定的压实度计算不同水泥掺量试件的干密度。

7.3.4 试件制备、养护和抗压强度测定应符合 JTG E51－2009 的有关要求。

7.3.5 根据抗压强度试验结果，选定水泥掺量，水泥最小掺量应不小于 3％。用内插法计算混合料的最大干密度和最佳含水量。

8 制备

8.1 材料贮存

8.1.1 水泥、石灰、粉煤灰必须分仓贮存，并应有明显的标识。

8.1.2 骨料的贮存应保证均匀性；应将不同等级、规格的集料分别贮存，避免混杂或污染；再生骨料存放应有防雨措施。

8.2 拌和设备

8.2.1 拌合设备不宜少于 4 个料仓，并应配备计量装置，计量应准确。

8.2.2 各个料仓之间的挡板高度应不小于 1m，避免料仓在加料时各档料的掺混。

8.2.3 混合料的拌合宜采用二次拌和方式，即两台拌和机串联在一起，混合料先后在两个拌和机内拌和；混合料也可采用一次性拌和，但拌和缸的长度应不小于 5m。

8.2.4 加水量的计量应采用流量计。

8.3 拌和

8.3.1 配料应准确。

8.3.2 拌和过程中应检查混合料的含水率，含水率应满足标准要求。

8.3.3 混合料应拌和均匀，无明显粗细骨料离析现象，色泽一致，没有灰条、灰团和花面。

8.4 运输

8.4.1 混合料的运输应有必要的防遗撒和防止水分损失的设施。

8.4.2 运送频率应能保证施工的连续性。

附录 F 《再生骨料应用技术规程》
JGJ/T 240－2011 摘编

2.1 术　语

2.1.1 再生粗骨料　recycled coarse aggregate
　　由建筑垃圾中的混凝土、砂浆、石或砖瓦等加工而成，粒径大于 4.75mm 的颗粒。

2.1.2 再生细骨料　recycled fine aggregate
　　由建筑垃圾中的混凝土、砂浆、石或砖瓦等加工而成，粒径不大于 4.75mm 的颗粒。

2.1.3 再生骨料混凝土　recycled aggregate concrete
　　掺用再生骨料配制而成的混凝土。

2.1.4 再生骨料砂浆　recycled aggregate mortar
　　掺用再生细骨料配制而成的砂浆。

2.1.5 再生粗骨料取代率　replacement ratio of recycled coarse aggregate
　　再生骨料混凝土中再生粗骨料用量占粗骨料总用量的质量百分比。

2.1.6 再生细骨料取代率　replacement ratio of recycled fine aggregate
　　再生骨料混凝土或再生骨料砂浆中再生细骨料用量占细骨料总用量的质量百分比。

2.1.7 再生骨料砌块　recycled aggregate block
　　掺用再生骨料，经搅拌、成型、养护等工艺过程制成的砌块。

2.1.8 相对含水率　relative water percentage
　　含水率与吸水率之比。

2.1.9 再生骨料砖　recycled aggregate brick
　　掺用再生骨料，经搅拌、成型、养护等工艺过程制成的砖。

4.1 再生骨料的技术要求

4.1.1 制备混凝土用的再生粗骨料应符合现行国家标准《混凝土用再生粗骨料》GB/T 25177 的规定。

4.1.2 制备混凝土和砂浆用的再生细骨料应符合现行国家标准《混凝土和砂浆用再生细骨料》GB/T 25176 的规定。

4.1.3 制备砌块和砖的再生骨料应符合下列规定

　　1 再生粗骨料的性能指标应满足表 4.1.3-1 的要求，再生细骨料的性能指标应满足表 4.1.3-2 的要求；

　　2 再生粗骨料性能试验方法按现行国家标准《混凝土用再生粗骨料》GB/T 25177 相关规定执行，再生细骨料性能试验方法按现行国家标准《混凝土和砂浆用再生细骨料》GB/T 25176 相关规定执行；

3 再生粗骨料和再生细骨料应进行型式检验，并应分别包括表 4.1.3-1 和表 4.1.3-2 规定的全部项目；

4 再生粗骨料出厂检验应包括表 4.1.3-1 规定的微粉含量、泥块含量和吸水率，再生细骨料出厂检验应包括表 4.1.3-2 规定的微粉含量和泥块含量；

5 再生粗骨料和再生细骨料，其型式检验及出厂检验的组批规则、试样数量和判定规则应分别按现行国家标准《混凝土用再生粗骨料》GB/T 25177 和《混凝土和砂浆用再生细骨料》GB/T 25176 的规定执行。

表 4.1.3-1 生产砌块和砖的再生粗骨料性能指标

项目	指标要求
微粉含量（按质量计，%）	＜5.0
吸水率（按质量计，%）	＜10.0
杂物（按质量计，%）	＜2.0
泥块含量、有害物质含量、坚固性、压碎指标、碱集料反应性能	应符合 GB/T 25177 的相关规定

表 4.1.3-2 生产砌块和砖的再生细骨料性能指标

项目		指标要求
微粉含量	MB 值＜1.40 或合格	＜12.0
（按质量计，%）	MB 值≥1.40 或不合格	＜6.0
泥块含量、有害物质含量、坚固性、单级最大压碎指标、碱集料反应性能		应符合 GB/T 25176 的相关规定

5 再生骨料混凝土

5.1 一 般 规 定

5.1.2 Ⅰ类再生粗骨料可用于配制各种强度等级的混凝土；Ⅱ类再生粗骨料宜用于配制 C40 及以下强度等级的混凝土；Ⅲ类再生粗骨料可用于配制 C25 及以下强度等级的混凝土，不宜用于配制有抗冻性要求的混凝土。

5.1.3 Ⅰ类再生细骨料可用于配制 C40 及以下强度等级的混凝土；Ⅱ类再生细骨料宜用于配制 C25 及以下强度等级的混凝土；Ⅲ类再生细骨料不宜用于配制结构混凝土。

5.1.4 再生骨料不得用于配制预应力混凝土。

5.1.5 再生骨料混凝土的耐久性设计应符合现行国家标准《混凝土结构设计规范》GB 50010 和《混凝土结构耐久性设计规范》GB/T 50476 的相关规定。当再生骨料混凝土用于设计使用年限为 50 年的混凝土结构时，宜符合表 5.1.5 的规定。

表 5.1.5 再生骨料混凝土耐久性基本要求

环境类别	最大水胶比	最低强度等级	最大氯离子含量（%）	最大碱含量（kg/m³）
一	0.55	C25	0.20	3.0
二 a	0.50（0.55）	C30（C25）	0.15	3.0

续表 5.1.5

环境类别	最大水胶比	最低强度等级	最大氯离子含量（%）	最大碱含量（kg/m³）
二 b	0.45（0.50）	C35（C30）	0.15	3.0
三 a	0.40	C40	0.10	3.0

注：1　氯离子含量系指氯离子占胶凝材料总量的百分比；
　　2　素混凝土构件的水胶比及最低强度等级可不受限制；
　　3　有可靠工程经验时，二类环境中的最低混凝土强度等级可降低一个等级；
　　4　处于严寒和寒冷地区二 b、三 a 类环境中的混凝土应使用引气剂或引气型外加剂，并可采用括号中的有关参数；
　　5　当使用非碱活性骨料时，对混凝土中的碱含量可不作限制。

5.1.6　再生骨料混凝土中三氧化硫允许含量应符合现行国家标准《混凝土结构耐久性设计规范》GB/T 50476 的规定。

5.1.7　当再生粗骨料或再生细骨料不符合现行国家标准《混凝土用再生粗骨料》GB/T 25177 或《混凝土和砂浆用再生细骨料》GB/T 25176 的规定时，经过试验试配验证，也可用于非结构混凝土。

5.2　技术要求和设计取值

5.2.1　再生骨料混凝土的拌合物性能、力学性能、长期性能和耐久性能、强度检验评定及耐久性检验评定等，应符合现行国家标准《混凝土质量控制标准》GB 50164 的规定。

5.2.2　再生骨料混凝土的轴心抗压强度标准值（f_{ck}）、轴心抗压强度设计值 f_c、轴心抗拉强度标准值 f_{tk}、轴心抗拉强度设计值 f_t、轴心抗压疲劳强度设计值 f_c^f、轴心抗拉疲劳强度设计值 f_t^f、剪切变形模量 G_c 和泊松比 ν_c 均可按现行国家标准《混凝土结构设计规范》GB 50010 的相关规定取值。

5.2.3　仅掺用Ⅰ类再生粗骨料配制的混凝土，其受压和受拉弹性模量 E_c 可按现行国家标准《混凝土结构设计规范》GB 50010 的规定取值。其他情况下配制的再生骨料混凝土，其弹性模量宜通过试验确定；在缺乏试验条件或技术资料时，可按表 5.2.3 的规定取值。

表 5.2.3　再生骨料混凝土弹性模量

强度等级	C15	C20	C25	C30	C35	C40
弹性模量（×10⁴ N/mm²）	1.83	2.08	2.27	2.42	2.53	2.63

5.2.4　再生骨料混凝土的温度线膨胀系数 a_c、比热容 c 和导热系数 λ 宜通过试验确定。当缺乏试验条件或技术资料时，可按现行国家标准《混凝土结构设计规范》GB 50010 和《民用建筑热工设计规范》GB 50176 的规定取值。

5.3　配合比设计

5.3.1　再生骨料混凝土配合比设计应满足混凝土和易性、强度和耐久性的要求。

5.3.2　再生骨料混凝土配合比设计可按下列步骤进行：

　　1　应根据已有技术资料和混凝土性能要求确定再生粗骨料取代率 δ_g 和再生细骨料取代率 δ_s。当缺乏技术资料时，δ_g 和 δ_s 均不宜大于 50%，但Ⅰ类再生粗骨料取代率 δ_g 可不受限制。当混凝土中已掺用Ⅲ类再生粗骨料时，不宜再掺入再生细骨料。

2 混凝土强度标准差 σ 可按下列规定确定：

    1） 对于不掺用再生细骨料的混凝土，当仅掺Ⅰ类再生粗骨料或Ⅱ类、Ⅲ类再生粗骨料取代率 δ_g 小于 30％时，σ 可按现行行业标准《普通混凝土配合比设计规程》JGJ 55 的规定取值。

    2） 对于不掺用再生细骨料的混凝土，当Ⅱ类、Ⅲ类再生粗骨料取代率 δ_g 大于 30％时，σ 值应根据相同再生粗骨料掺量和同强度等级的同品种再生骨料混凝土统计资料计算确定。计算时，强度试件组数不应小于 30 组。对于强度等级不大于 C20 的混凝土，当 σ 计算值不小于 3.0MPa 时，应按计算结果取值；当 σ 计算值小于 3.0MPa 时，σ 应取 3.0MPa；对于强度等级大于 C20 且不大于 C40 的混凝土，当 σ 计算值不小于 4.0MPa 时，应按计算结果取值，当 σ 计算值小于 4.0MPa 时，σ 应取 4.0MPa。

当无统计资料时，对于仅掺再生粗骨料的混凝土，其 σ 值可按表 5.3.2 的规定确定。

表 5.3.2 再生骨料混凝土抗压强度标准差推荐取值

强度等级	≤C20	C25、C30	C35、C40
σ（MPa）	4.0	5.0	6.0

    3） 掺用再生细骨料的混凝土，也应根据相同再生骨料掺量和同强度等级的同品种再生骨料混凝土统计资料计算确定 σ 值。计算时，强度试件组数不应小于 30 组。对于各强度等级的混凝土，当 σ 计算值小于表 5.3.2 中对应值时，应取表 5.3.2 中对应值。当无统计资料时，σ 值也可按表 5.3.2 选取。

3 计算基准混凝土配合比，应按现行行业标准《普通混凝土配合比设计规程》JGJ 55 的方法进行。外加剂和掺合料的品种和掺量应通过试验确定；在满足和易性要求前提下，再生骨料混凝土宜采用较低的砂率。

4 以基准混凝土配合比中的粗、细骨料用量为基础，并根据已确定的再生粗骨料取代率 δ_g 和再生细骨料取代率 δ_s，计算再生骨料用量。

5 通过试配及调整，确定再生骨料混凝土最终配合比，配制时，应根据工程具体要求采取控制拌合物坍落度损失的相应措施。

6 再 生 骨 料 砂 浆

6.1 一 般 规 定

6.1.1 再生细骨料可用于配制砌筑砂浆、抹灰砂浆和地面砂浆。再生骨料地面砂浆不宜用于地面面层。

6.1.2 再生骨料砌筑砂浆和再生骨料抹灰砂浆宜采用通用硅酸盐水泥或砌筑水泥；再生骨料地面砂浆应采用通用硅酸盐水泥，且宜采用硅酸盐水泥或普通硅酸盐水泥。再生骨料砂浆的其他原材料应符合国家现行标准《预拌砂浆》GB/T 25181 及《抹灰砂浆技术规程》JGJ/T 220 的规定。

6.1.3 Ⅰ类再生细骨料可用于配制各种强度等级的砂浆，Ⅱ类再生细骨料可用于配制强度等级不高于 M15 的砂浆，Ⅲ类再生细骨料宜用于配制强度等级不高于 M10 的砂浆。

6.1.4 再生骨料抹灰砂浆应符合现行行业标准《抹灰砂浆技术规程》JGJ/T 220 的规定；当采用机械喷涂抹灰施工时，再生骨料抹灰砂浆还应符合现行行业标准《机械喷涂抹灰施工规程》JGJ/T 105 的规定。

6.1.5 再生骨料砂浆用于建筑砌体结构时，尚应符合现行国家标准《砌体结构设计规范》GB 50003 的相关规定。

6.2 技 术 要 求

6.2.1 采用再生骨料的预拌砂浆性能应符合现行国家标准《预拌砂浆》GB/T 25181 的规定。

6.2.2 现场配制的再生骨料砂浆的性能应符合表 6.2.2 的规定。

表 6.2.2 现场配制的再生骨料砂浆性能指标要求

砂浆品种	强度等级	稠度（mm）	保水率（%）	14d 拉伸粘结强度（MPa）	抗冻性	
					强度损失率（%）	质量损失率（%）
再生骨料砌筑砂浆	M2.5、M5、M7.5、M10、M15	50～90	≥82	—	≤25	≤5
再生骨料抹灰砂浆	M5、M10、M15	70～100	≥82	≥0.15	≤25	≤5
再生骨料地面砂浆	M15	30～50	≥82	—	≤25	≤5

注：有抗冻性要求时，应进行抗冻性试验。冻融循环次数按夏热冬暖地区 15 次、夏热冬冷地区 25 次、寒冷地区 35 次、严寒地区 50 次确定。

6.2.3 再生骨料砂浆性能试验方法应按现行行业标准《建筑砂浆基本性能试验方法标准》JGJ/T 70 的规定执行。

6.3 配 合 比 设 计

6.3.1 再生骨料砂浆配合比设计应满足砂浆和易性、强度和耐久性的要求。

6.3.2 再生骨料砂浆配合比设计可按下列步骤进行：

1 按现行行业标准《砌筑砂浆配合比设计规程》JGJ/T 98 的规定计算基准砂浆配合比；

2 根据已有技术资料和砂浆性能要求确定再生细骨料取代率 δ_s；当无技术资料作为依据时，再生细骨料取代率 δ_s 不宜大于 50%；

3 以基准砂浆配合比中的砂用量为基础，计算再生细骨料用量；

4 通过试验确定外加剂、添加剂和掺合料等的品种和掺量；

5 通过试配和调整，确定符合性能要求且经济性好的配合比作为最终配合比。

6.3.3 配制同一品种、同一强度等级再生骨料砂浆时，宜采用同一水泥厂生产的同一品种、同一强度等级水泥。

7 再生骨料砌块

7.1 一 般 规 定

7.1.1 再生骨料砌块按抗压强度可分为 MU3.5、MU5、MU7.5、MU10、MU15 和 MU20 六个等级。

7.1.2 再生骨料砌块所用原材料应符合下列规定：

   1 骨料的最大公称粒径不宜大于 10mm；

   2 再生骨料应符合本规程第 4.1.3 条的规定；

   3 当采用石屑作为骨料时，石屑中小于 0.15mm 的颗粒含量不应大于 20%；

   4 其他原材料应符合本规程第 5.1.1 条和国家现行有关标准的规定。

7.2 技 术 要 求

7.2.1 再生骨料砌块尺寸允许偏差和外观质量应符合表 7.2.1 的规定。

表 7.2.1 再生骨料砌块尺寸允许偏差和外观质量

项目		指标
尺寸允许偏差（mm）	长度	±2
	宽度	±2
	高度	±2
最小外壁厚（mm）	用于承重墙体	≥30
	用于非承重墙体	≥16
肋厚（mm）	用于承重墙体	≥25
	用于非承重墙体	≥15
缺棱掉角	个数（个）	≤2
	三个方向投影的最小值（mm）	≤20
裂缝延伸投影的累计尺寸（mm）		≤20
弯曲（mm）		≤2

7.2.2 再生骨料砌块的抗压强度应符合表 7.2.2 的规定。

表 7.2.2 再生骨料砌块抗压强度

强度等级	抗压强度（MPa）	
	平均值	单块最小值
MU3.5	≥3.5	≥2.8
MU5	≥5.0	≥4.0
MU7.5	≥7.5	≥6.0
MU10	≥10.0	≥8.0
MU15	≥15.0	≥12.0
MU20	≥20.0	≥16.0

7.2.3 再生骨料砌块干燥收缩率不应大于 0.060％；相对含水率应符合表 7.2.3-1 的规定；抗冻性应符合表 7.2.3-2 的规定；碳化系数 K_c 和软化系数 K_f 均不应小于 0.80。

相对含水率，可按下式计算：

$$W = 100 \times \frac{\omega_1}{\omega_2} \tag{7.2.3}$$

式中：W ——砌块的相对含水率（％）；

ω_1 ——砌块的含水率（％）；

ω_2 ——砌块的吸水率（％）。

表 7.2.3-1 再生骨料砌块相对含水率

使用地区的湿度条件	潮湿	中等	干燥
相对含水率（％）	≤40	≤35	≤30

注：潮湿——系指年平均相对湿度大于 75％ 的地区；中等——系指年平均相对湿度为 50％～75％ 的地区；干燥——系指年平均相对湿度小于 50％ 的地区。

表 7.2.3-2 再生骨料砌块抗冻性

使用条件	抗冻指标	质量损失率（％）	强度损失率（％）
夏热冬暖地区	D15		
夏热冬冷地区	D25	≤5	≤25
寒冷地区	D35		
严寒地区	D50		

8 再生骨料砖

8.1 一 般 规 定

8.1.1 再生骨料砖包括多孔砖和实心砖，且再生骨料砖按抗压强度可分为 MU7.5、MU10、MU15 和 MU20 四个等级。

8.1.2 再生骨料实心砖主规格尺寸宜为 240mm×115mm×53mm，再生骨料多孔砖主规格尺寸宜为 240mm×115mm×90mm；再生骨料砖其他规格可由供需双方协商确定。

8.1.3 再生骨料砖所用原材料应符合下列规定：

1 骨料的最大公称粒径不应大于 8mm；

2 再生骨料应符合本规程第 4.1.3 条的规定；

3 其他原材料应符合本规程第 5.1.1 条和国家现行有关标准的规定。

8.2 技 术 要 求

8.2.1 再生骨料砖的尺寸允许偏差和外观质量应符合表 8.2.1 的规定。

表 8.2.1 再生骨料砖尺寸允许偏差和外观质量

项目		指标
尺寸允许偏差（mm）	长度	±2.0
	宽度	±2.0
	高度	±2.0
缺棱掉角	个数（个）	≤1
	三个方向投影的最小值（mm）	≤10
裂缝长度	大面上宽度方向及其延伸到条面的长度（mm）	≤30
	大面上长度方向及其延伸到顶面的长度或条、顶面水平裂纹的长度（mm）	≤50
弯曲（mm）		≤2.0
完整面		不少于一条面和一顶面
层裂		不允许
颜色		基本一致

8.2.2 再生骨料砖的抗压强度应符合表 8.2.2 的规定。

表 8.2.2 再生骨料砖抗压强度

强度等级	抗压强度（MPa）	
	平均值	单块最小值
MU7.5	≥7.5	≥6.0
MU10	≥10.0	≥8.0
MU15	≥15.0	≥12.0
MU20	≥20.0	≥16.0

8.2.3 每块再生骨料砖的吸水率不应大于 18％；干燥收缩率和相对含水率应符合表 8.2.3-1 的规定；抗冻性应符合表 8.2.3-2 的规定；碳化系数 K_c 和软化系数 K_f 均不应小于 0.80。

相对含水率可按下式计算：

$$W = 100 \times \frac{\omega_1}{\omega_2} \tag{8.2.3}$$

式中：W ——砖的相对含水率（％）；

ω_1 ——砖的含水率（％）；

ω_2 ——砖的吸水率（％）。

表 8.2.3-1 再生骨料砖干燥收缩率和相对含水率

干燥收缩率（％）	相对含水率平均值（％）		
	潮湿环境	中等环境	干燥环境
≤0.060	≤40	≤35	≤30

注：潮湿——系指年平均相对湿度大于 75％的地区；中等——系指年平均相对湿度为 50％～75％的地区；干燥——系指年平均相对湿度小于 50％的地区。

表 8.2.3-2 再生骨料砖抗冻性

强度等级	冻后抗压强度平均值（MPa）	冻后质量损失率平均值（％）
MU20	≥16.0	≤2.0
MU15	≥12.0	≤2.0
MU10	≥8.0	≤2.0
MU7.5	≥6.0	≤2.0

注：冻融循环次数按照使用地区可分为：夏热冬暖地区 15 次，夏热冬冷地区 25 次，寒冷地区 35 次，严寒地区 50 次。

附录 G 《混凝土和砂浆用再生细骨料》 GB/T 25176－2010 摘编

1 范围

本标准规定了混凝土和砂浆用再生细骨料的术语和定义、分类与规格、要求、试验方法、检验规则、标志、储存和运输。

本标准适用于配制混凝土和砂浆的再生细骨料。

3 术语和定义

3.1 混凝土和砂浆用再生细骨料 recycled fine aggregate for concrete and mortar

由建（构）筑废物中的混凝土、砂浆、石、砖等加工而成，用于配制混凝土和砂浆的粒径不大于 4.75mm 的颗粒。

3.2 微粉含量 content of micro powder

再生细骨料中粒径小于 $75\mu m$ 的颗粒含量。

3.3 泥块含量 content of clay lump

再生细骨料中粒径大于 1.18mm，经水浸洗、手捏后变成小于 $600\mu m$ 颗粒的含量。

3.4 细度模数 fineness module

衡量再生细骨料粗细程度的指标。

3.5 坚固性 soundness

再生细骨料在自然风化和其他物理化学因素作用下抵抗破裂的能力。

3.6 轻物质 content of light material

再生细骨料中表观密度小于 $2000kg/m^3$ 的物质。

3.7 亚甲蓝 MB 值 methylene blue value

用于确定再生细骨料中粒径小于 $75\mu m$ 的颗粒中高岭土含量的指标。

3.8 再生胶砂 recycled mortar

按照本标准规定方法，用再生细骨料、水泥和水制备的砂浆。

3.9 基准胶砂 reference mortar

按照本标准规定方法，用标准砂、水泥和水制备的砂浆。

3.10 再生胶砂需水量 water demand of recycled mortar

流动度为 130mm±5mm 的再生胶砂用水量。

3.11 基准胶砂需水量 water demand of benchmark mortar

流动度为 130mm±5mm 的基准胶砂用水量。

3.12 再生胶砂需水量比 water demand ratio of recycled mortar

再生胶砂需水量与基准胶砂需水量之比。

3.13 再生胶砂强度比 compressive strength ratio of recycled mortar

再生胶砂与基准胶砂的抗压强度之比。

4 分类与规格

4.1 分类

混凝土和砂浆用再生细骨料（以下简称再生细骨料）按性能要求分为Ⅰ类、Ⅱ类、Ⅲ类。

4.2 规格

再生细骨料按细度模数分为粗、中、细三种规格，其细度模数 M_x 分别为：

粗：3.7～3.1

中：3.0～2.3

细：2.2～1.6

5 要求

5.1 颗粒级配

再生细骨料的颗粒级配应符合表1的规定。

表1 颗粒级配

方筛孔	累计筛余（%）		
	1级配区	2级配区	3级配区
9.50mm	0	0	0
4.75mm	10～0	10～0	10～0
2.36mm	35～5	25～0	15～0
1.18mm	65～35	50～10	25～0
600μm	85～71	70～41	40～16
300μm	95～80	92～70	85～55
150μm	100～85	100～80	100～75

注：再生细骨料的实际颗粒级配与表中所列数字相比，除4.75mm和600μm筛档外，可以略有超出，但是超出总量应小于5%。

5.2 微粉含量和泥块含量

根据亚甲蓝试验结果的不同，再生细骨料的微粉含量和泥块含量应符合表2的规定。

表 2 微粉含量和泥块含量

项目		Ⅰ类	Ⅱ类	Ⅲ类
微粉含量（按质量计），%	MB 值<1.40 或合格	<5.0	<7.0	<10.0
	MB 值≥1.40 或不合格	<1.0	<3.0	<5.0
泥块含量（按质量计），%		<1.0	<2.0	<3.0

5.3 有害物质含量

再生细骨料中如含有云母、轻物质、有机物、硫化物及硫酸盐或氯盐等有害物质，其含量应符合表 3 的规定。

表 3 再生细骨料中的有害物质含量

项目	Ⅰ类	Ⅱ类	Ⅲ类
云母含量（按质量计），%	<1.0	<2.0	<2.0
轻物质含量（按质量计），%	<1.0	<1.0	<2.0
有机物含量（比色法）	合格	合格	合格
硫化物及硫酸盐含量（按 SO_3 质量计），%	<0.5	<1.0	<2.0
氯化物含量（以氯离子质量计），%	<0.04	<0.04	<0.06

5.4 坚固性

再生细骨料坚固性采用硫酸钠溶液法测定，其指标应符合表 4 的规定。

表 4 坚固性指标

项目	Ⅰ类	Ⅱ类	Ⅲ类
饱和硫酸钠溶液中质量损失，%	<8.0	<10.0	<12.0

5.5 压碎指标

再生细骨料压碎指标应符合表 5 的规定。

表 5 压碎指标

项目	Ⅰ类	Ⅱ类	Ⅲ类
单级最大压碎指标值，%	<20	<25	<30

5.6 再生胶砂需水量比

再生胶砂需水量比应符合表 6 的规定。

表6　再生胶砂需水量比

项目	Ⅰ类			Ⅱ类			Ⅲ类		
细度模数	$M_x<2.3$	$2.3 \leqslant M_x \leqslant 3.0$	$M_x>3.0$	$M_x<2.3$	$2.3 \leqslant M_x \leqslant 3.0$	$M_x>3.0$	$M_x<2.3$	$2.3 \leqslant M_x \leqslant 3.0$	$M_x>3.0$
需水量比	<1.35	<1.30	<1.20	<1.55	<1.45	<1.35	<1.80	<1.70	<1.50

5.7　再生胶砂强度比

再生胶砂强度比应符合表7的规定。

表7　再生胶砂强度比

项目	Ⅰ类			Ⅱ类			Ⅲ类		
细度模数	$M_x<2.3$	$2.3 \leqslant M_x \leqslant 3.0$	$M_x>3.0$	$M_x<2.3$	$2.3 \leqslant M_x \leqslant 3.0$	$M_x>3.0$	$M_x<2.3$	$2.3 \leqslant M_x \leqslant 3.0$	$M_x>3.0$
强度比	>0.80	>0.90	>1.00	>0.70	>0.85	>0.95	>0.55	>0.75	>0.80

5.8　表观密度和空隙率

再生细骨料的表观密度和空隙率应符合表8的规定。

表8　表观密度和空隙率

项目	Ⅰ类	Ⅱ类	Ⅲ类
表观密度，kg/m^3	>2450	>2350	>2250
空隙率，%	<46	<48	<52

5.9　碱集料反应

经碱集料反应试验后，由再生细骨料制备的试件无裂缝、酥裂或胶体外溢等现象，膨胀率应小于0.10%。

附录 H 《混凝土用再生粗骨料》GB/T 25177－2010 摘编

1 范围

本标准规定了混凝土用再生粗骨料的术语和定义、分类和规格、要求、试验方法、检验规则、标志、储存和运输。

本标准适用于配制混凝土的再生粗骨料。

3 术语和定义

3.1 混凝土用再生粗骨料 recycled coarse aggregate for concrete

由建（构）筑废物中的混凝土、砂浆、石、砖瓦等加工而成，用于配制混凝土的、粒径大于 4.75mm 的颗粒。

3.2 微粉含量 content of fine powder

混凝土用再生粗骨料中粒径小于 $75\mu m$ 的颗粒含量。

3.3 泥块含量 content of clay lump

混凝土用再生粗骨料中原粒径大于 4.75mm，经水浸洗、手捏后变成小于 2.36mm 的颗粒含量。

3.4 针片状颗粒 elongated and flaky particle

混凝土用再生粗骨料的长度大于该颗粒所属相应粒级的平均粒径 2.4 倍者为针状颗粒；厚度小于平均粒径 0.4 倍者为片状颗粒（平均粒径指该粒级上、下限粒径的平均值）。

3.5 压碎指标 crushing index

混凝土用再生粗骨料抵抗压碎能力的指标。

3.6 坚固性 soundness

混凝土用再生粗骨料在自然风化和其他物理化学因素作用下抵抗破裂的能力。

3.7 表观密度 apparent density

混凝土用再生粗骨料颗粒单位体积（包括内封闭孔隙）的质量。

3.8 吸水率 water absorption

混凝土用再生粗骨料饱和面干状态时所含水的质量占绝干状态质量的百分数。

3.9 杂物 impurities

混凝土用再生粗骨料中除混凝土、砂浆、砖瓦和石之外的其他物质。

4 分类和规格

4.1 分类

混凝土用再生粗骨料（以下简称再生粗骨料）按性能要求可分为Ⅰ类、Ⅱ类和Ⅲ类。

4.2 规格

再生粗骨料按粒径尺寸分为连续粒级和单粒级。连续粒级分为 5mm～16mm、5mm～20mm、5mm～25mm 和 5mm～31.5mm 四种规格，单粒级分为 5mm～10mm、10mm～20mm 和 16mm～31.5mm 三种规格。

5 要求

5.1 颗粒级配

再生粗骨料的颗粒级配应符合表1的规定。

表 1 颗粒级配

公称粒径，mm		累计筛余,%							
		方孔筛筛孔边长，mm							
		2.36	4.75	9.50	16.0	19.0	26.5	31.5	37.5
连续粒级	5～16	95～100	85～100	30～60	0～10	0			
	5～20	95～100	90～100	40～80	—	0～10	0		
	5～25	95～100	90～100	—	30～70	—	0～5	0	
	5～31.5	95～100	90～100	70～90	—	15～45	—	0～5	0
单粒级	5～10	95～100	80～100	0～15	0				
	10～20		95～100	85～100		0～15	0		
	16～31.5		95～100		85～100			0～10	0

5.2 微粉含量和泥块含量

再生粗骨料的微粉含量和泥块含量应符合表2的规定。

表 2 微粉含量和泥块含量

项目	Ⅰ类	Ⅱ类	Ⅲ类
微粉含量（按质量计),%	<1.0	<2.0	<3.0
泥块含量（按质量计),%	<0.5	<0.7	<1.0

5.3 吸水率

再生粗骨料的吸水率应符合表3的规定。

表 3 吸水率

项目	Ⅰ类	Ⅱ类	Ⅲ类
吸水率（按质量计),%	<3.0	<5.0	<8.0

5.4 针片状颗粒含量

再生粗骨料的针片状颗粒含量应符合表 4 的规定。

表 4 针片状颗粒含量

项目	I 类	II 类	III 类
针片状颗粒（按质量计），%		<10	

5.5 有害物质含量

再生粗骨料中有害物质含量应符合表 5 的规定。

表 5 有害物质含量

项目	I 类	II 类	III 类
有机物		合格	
硫化物及硫酸盐（折算成 SO_3，按质量计），%		<2.0	
氯化物（以氯离子质量计），%		<0.06	

5.6 杂物含量

再生粗骨料中的杂物含量应符合表 6 的规定。

表 6 杂物含量

项目	I 类	II 类	III 类
杂物（按质量计），%		<1.0	

5.7 坚固性

采用硫酸钠溶液法进行试验。再生粗骨料经 5 次循环后，其质量损失应符合表 7 的规定。

表 7 坚固性指标

项目	I 类	II 类	III 类
质量损失，%	<5.0	<10.0	<15.0

5.8 压碎指标

再生粗骨料的压碎指标值应符合表 8 的规定。

表 8 压碎指标

项目	I 类	II 类	III 类
压碎指标，%	<12	<20	<30

5.9 表观密度和空隙率

再生粗骨料的表观密度和空隙率应符合表 9 的规定。

表 9 表观密度和空隙率

项目	Ⅰ类	Ⅱ类	Ⅲ类
表观密度，kg/m³	＞2450	＞2350	＞2250
空隙率，%	＜47	＜50	＜53

5.10 碱集料反应

经碱集料反应试验后，由再生粗骨料制备的试件无裂缝、酥裂或胶体外溢等现象，膨胀率应小于 0.10%。

附录 J 《中华人民共和国固体废物
污染环境防治法（2020）》摘编

第一章 总 则

第一条 为了保护和改善生态环境，防治固体废物污染环境，保障公众健康，维护生态安全，推进生态文明建设，促进经济社会可持续发展，制定本法。

第二条 固体废物污染环境的防治适用本法。

固体废物污染海洋环境的防治和放射性固体废物污染环境的防治不适用本法。

第三条 国家推行绿色发展方式，促进清洁生产和循环经济发展。

国家倡导简约适度、绿色低碳的生活方式，引导公众积极参与固体废物污染环境防治。

第四条 固体废物污染环境防治坚持减量化、资源化和无害化的原则。

任何单位和个人都应当采取措施，减少固体废物的产生量，促进固体废物的综合利用，降低固体废物的危害性。

第五条 固体废物污染环境防治坚持污染担责的原则。

产生、收集、贮存、运输、利用、处置固体废物的单位和个人，应当采取措施，防止或者减少固体废物对环境的污染，对所造成的环境污染依法承担责任。

第七条 地方各级人民政府对本行政区域固体废物污染环境防治负责。

国家实行固体废物污染环境防治目标责任制和考核评价制度，将固体废物污染环境防治目标完成情况纳入考核评价的内容。

第八条 各级人民政府应当加强对固体废物污染环境防治工作的领导，组织、协调、督促有关部门依法履行固体废物污染环境防治监督管理职责。

省、自治区、直辖市之间可以协商建立跨行政区域固体废物污染环境的联防联控机制，统筹规划制定、设施建设、固体废物转移等工作。

第九条 国务院生态环境主管部门对全国固体废物污染环境防治工作实施统一监督管理。国务院发展改革、工业和信息化、自然资源、住房城乡建设、交通运输、农业农村、商务、卫生健康、海关等主管部门在各自职责范围内负责固体废物污染环境防治的监督管理工作。

地方人民政府生态环境主管部门对本行政区域固体废物污染环境防治工作实施统一监督管理。地方人民政府发展改革、工业和信息化、自然资源、住房城乡建设、交通运输、农业农村、商务、卫生健康等主管部门在各自职责范围内负责固体废物污染环境防治的监督管理工作。

第十条 国家鼓励、支持固体废物污染环境防治的科学研究、技术开发、先进技术推广和科学普及，加强固体废物污染环境防治科技支撑。

第十一条 国家机关、社会团体、企业事业单位、基层群众性自治组织和新闻媒体应当加强固体废物污染环境防治宣传教育和科学普及，增强公众固体废物污染环境防治意识。

学校应当开展生活垃圾分类以及其他固体废物污染环境防治知识普及和教育。

第十二条 各级人民政府对在固体废物污染环境防治工作以及相关的综合利用活动中做出显著成绩的单位和个人，按照国家有关规定给予表彰、奖励。

第二章 监 督 管 理

第十三条 县级以上人民政府应当将固体废物污染环境防治工作纳入国民经济和社会发展规划、生态环境保护规划，并采取有效措施减少固体废物的产生量、促进固体废物的综合利用、降低固体废物的危害性，最大限度降低固体废物填埋量。

第十四条 国务院生态环境主管部门应当会同国务院有关部门根据国家环境质量标准和国家经济、技术条件，制定固体废物鉴别标准、鉴别程序和国家固体废物污染环境防治技术标准。

第十五条 国务院标准化主管部门应当会同国务院发展改革、工业和信息化、生态环境、农业农村等主管部门，制定固体废物综合利用标准。

综合利用固体废物应当遵守生态环境法律法规，符合固体废物污染环境防治技术标准。使用固体废物综合利用产物应当符合国家规定的用途、标准。

第十六条 国务院生态环境主管部门应当会同国务院有关部门建立全国危险废物等固体废物污染环境防治信息平台，推进固体废物收集、转移、处置等全过程监控和信息化追溯。

第十七条 建设产生、贮存、利用、处置固体废物的项目，应当依法进行环境影响评价，并遵守国家有关建设项目环境保护管理的规定。

第十八条 建设项目的环境影响评价文件确定需要配套建设的固体废物污染环境防治设施，应当与主体工程同时设计、同时施工、同时投入使用。建设项目的初步设计，应当按照环境保护设计规范的要求，将固体废物污染环境防治内容纳入环境影响评价文件，落实防治固体废物污染环境和破坏生态的措施以及固体废物污染环境防治设施投资概算。

建设单位应当依照有关法律法规的规定，对配套建设的固体废物污染环境防治设施进行验收，编制验收报告，并向社会公开。

第十九条 收集、贮存、运输、利用、处置固体废物的单位和其他生产经营者，应当加强对相关设施、设备和场所的管理和维护，保证其正常运行和使用。

第二十条 产生、收集、贮存、运输、利用、处置固体废物的单位和其他生产经营者，应当采取防扬散、防流失、防渗漏或者其他防止污染环境的措施，不得擅自倾倒、堆放、丢弃、遗撒固体废物。

禁止任何单位或者个人向江河、湖泊、运河、渠道、水库及其最高水位线以下的滩地和岸坡以及法律法规规定的其他地点倾倒、堆放、贮存固体废物。

第二十二条 转移固体废物出省、自治区、直辖市行政区域贮存、处置的，应当向固体废物移出地的省、自治区、直辖市人民政府生态环境主管部门提出申请。移出地的省、自治区、直辖市人民政府生态环境主管部门应当及时商经接受地的省、自治区、直辖市人民政府生态环境主管部门同意后，在规定期限内批准转移该固体废物出省、自治区、直辖市行政区域。未经批准的，不得转移。

转移固体废物出省、自治区、直辖市行政区域利用的，应当报固体废物移出地的省、自治区、直辖市人民政府生态环境主管部门备案。移出地的省、自治区、直辖市人民政府生态环境主管部门应当将备案信息通报接受地的省、自治区、直辖市人民政府生态环境主管部门。

第二十三条　禁止中华人民共和国境外的固体废物进境倾倒、堆放、处置。

第二十六条　生态环境主管部门及其环境执法机构和其他负有固体废物污染环境防治监督管理职责的部门，在各自职责范围内有权对从事产生、收集、贮存、运输、利用、处置固体废物等活动的单位和其他生产经营者进行现场检查。被检查者应当如实反映情况，并提供必要的资料。

实施现场检查，可以采取现场监测、采集样品、查阅或者复制与固体废物污染环境防治相关的资料等措施。检查人员进行现场检查，应当出示证件。对现场检查中知悉的商业秘密应当保密。

第二十七条　有下列情形之一，生态环境主管部门和其他负有固体废物污染环境防治监督管理职责的部门，可以对违法收集、贮存、运输、利用、处置的固体废物及设施、设备、场所、工具、物品予以查封、扣押：

（一）可能造成证据灭失、被隐匿或者非法转移的；

（二）造成或者可能造成严重环境污染的。

第二十八条　生态环境主管部门应当会同有关部门建立产生、收集、贮存、运输、利用、处置固体废物的单位和其他生产经营者信用记录制度，将相关信用记录纳入全国信用信息共享平台。

第二十九条　设区的市级人民政府生态环境主管部门应当会同住房城乡建设、农业农村、卫生健康等主管部门，定期向社会发布固体废物的种类、产生量、处置能力、利用处置状况等信息。

产生、收集、贮存、运输、利用、处置固体废物的单位，应当依法及时公开固体废物污染环境防治信息，主动接受社会监督。

利用、处置固体废物的单位，应当依法向公众开放设施、场所，提高公众环境保护意识和参与程度。

第三十一条　任何单位和个人都有权对造成固体废物污染环境的单位和个人进行举报。

生态环境主管部门和其他负有固体废物污染环境防治监督管理职责的部门应当将固体废物污染环境防治举报方式向社会公布，方便公众举报。

接到举报的部门应当及时处理并对举报人的相关信息予以保密；对实名举报并查证属实的，给予奖励。

举报人举报所在单位的，该单位不得以解除、变更劳动合同或者其他方式对举报人进行打击报复。

第五章 建筑垃圾、农业固体废物等

第六十条 县级以上地方人民政府应当加强建筑垃圾污染环境的防治，建立建筑垃圾分类处理制度。

县级以上地方人民政府应当制定包括源头减量、分类处理、消纳设施和场所布局及建设等在内的建筑垃圾污染环境防治工作规划。

第六十一条 国家鼓励采用先进技术、工艺、设备和管理措施，推进建筑垃圾源头减量，建立建筑垃圾回收利用体系。

县级以上地方人民政府应当推动建筑垃圾综合利用产品应用。

第六十二条 县级以上地方人民政府环境卫生主管部门负责建筑垃圾污染环境防治工作，建立建筑垃圾全过程管理制度，规范建筑垃圾产生、收集、贮存、运输、利用、处置行为，推进综合利用，加强建筑垃圾处置设施、场所建设，保障处置安全，防止污染环境。

第六十三条 工程施工单位应当编制建筑垃圾处理方案，采取污染防治措施，并报县级以上地方人民政府环境卫生主管部门备案。

工程施工单位应当及时清运工程施工过程中产生的建筑垃圾等固体废物，并按照环境卫生主管部门的规定进行利用或者处置。

工程施工单位不得擅自倾倒、抛撒或者堆放工程施工过程中产生的建筑垃圾。

第七章 保 障 措 施

第九十二条 国务院有关部门、县级以上地方人民政府及其有关部门在编制国土空间规划和相关专项规划时，应当统筹生活垃圾、建筑垃圾、危险废物等固体废物转运、集中处置等设施建设需求，保障转运、集中处置等设施用地。

第九十三条 国家采取有利于固体废物污染环境防治的经济、技术政策和措施，鼓励、支持有关方面采取有利于固体废物污染环境防治的措施，加强对从事固体废物污染环境防治工作人员的培训和指导，促进固体废物污染环境防治产业专业化、规模化发展。

第九十四条 国家鼓励和支持科研单位、固体废物产生单位、固体废物利用单位、固体废物处置单位等联合攻关，研究开发固体废物综合利用、集中处置等的新技术，推动固体废物污染环境防治技术进步。

第九十五条 各级人民政府应当加强固体废物污染环境的防治，按照事权划分的原则安排必要的资金用于下列事项：

（一）固体废物污染环境防治的科学研究、技术开发；

（三）固体废物集中处置设施建设；

（五）涉及固体废物污染环境防治的其他事项。

第九十六条 国家鼓励和支持社会力量参与固体废物污染环境防治工作，并按照国家有关规定给予政策扶持。

第九十七条 国家发展绿色金融，鼓励金融机构加大对固体废物污染环境防治项目的信贷投放。

第九十八条 从事固体废物综合利用等固体废物污染环境防治工作的，依照法律、行

政法规的规定，享受税收优惠。

国家鼓励并提倡社会各界为防治固体废物污染环境捐赠财产，并依照法律、行政法规的规定，给予税收优惠。

第九十九条 收集、贮存、运输、利用、处置危险废物的单位，应当按照国家有关规定，投保环境污染责任保险。

第一百条 国家鼓励单位和个人购买、使用综合利用产品和可重复使用产品。

县级以上人民政府及其有关部门在政府采购过程中，应当优先采购综合利用产品和可重复使用产品。

第八章 法 律 责 任

第一百零一条 生态环境主管部门或者其他负有固体废物污染环境防治监督管理职责的部门违反本法规定，有下列行为之一，由本级人民政府或者上级人民政府有关部门责令改正，对直接负责的主管人员和其他直接责任人员依法给予处分：

（一）未依法作出行政许可或者办理批准文件的；

（二）对违法行为进行包庇的；

（三）未依法查封、扣押的；

（四）发现违法行为或者接到对违法行为的举报后未予查处的；

（五）有其他滥用职权、玩忽职守、徇私舞弊等违法行为的。

依照本法规定应当作出行政处罚决定而未作出的，上级主管部门可以直接作出行政处罚决定。

第一百零二条 违反本法规定，有下列行为之一，由生态环境主管部门责令改正，处以罚款，没收违法所得；情节严重的，报经有批准权的人民政府批准，可以责令停业或者关闭：

（一）产生、收集、贮存、运输、利用、处置固体废物的单位未依法及时公开固体废物污染环境防治信息的；

（三）将列入限期淘汰名录被淘汰的设备转让给他人使用的；

（五）转移固体废物出省、自治区、直辖市行政区域贮存、处置未经批准的；

（六）转移固体废物出省、自治区、直辖市行政区域利用未报备案的；

有前款第一项、第八项行为之一，处五万元以上二十万元以下的罚款；有前款第二项、第三项、第四项、第五项、第六项、第九项、第十项、第十一项行为之一，处十万元以上一百万元以下的罚款；……。对前款十一项行为的处罚，有关法律、行政法规另有规定的适用其规定。

附录 K 关于"十四五"大宗固体废弃物 综合利用的指导意见摘编

二、总体要求

（三）指导思想。以习近平新时代中国特色社会主义思想为指导，深入贯彻党的十九大和十九届二中、三中、四中、五中全会精神，坚定不移贯彻新发展理念，以全面提高资源利用效率为目标，以推动资源综合利用产业绿色发展为核心，加强系统治理，创新利用模式，实施专项行动，促进大宗固废实现绿色、高效、高质、高值、规模化利用，提高大宗固废综合利用水平，助力生态文明建设，为经济社会高质量发展提供有力支撑。

（四）基本原则。

——坚持政府引导与市场主导相结合。完善综合性政策措施，激发各类市场主体活力，充分发挥市场配置资源的决定性作用，更好发挥政府作用，加快发展壮大大宗固废综合利用产业。

——坚持规模利用与高值利用相结合。积极拓宽大宗固废综合利用渠道，进一步扩大利用规模，力争吃干榨尽，不断提高资源综合利用产品附加值，增强产业核心竞争力。

——坚持消纳存量与控制增量相结合。依法依规、科学有序消纳存量大宗固废；因地制宜、综合施策，有效降低大宗固废产排强度，加大综合利用力度，严控新增大宗固废堆存量。

——坚持突出重点与系统治理相结合。加强大宗固废综合利用全过程管理，协同推进产废、利废和规范处置各环节，严守大宗固废综合利用和安全处置的环境底线。

——坚持技术创新与模式创新相结合。强化创新引领，突破大宗固废综合利用技术瓶颈，加快先进适用技术推广应用，加强示范引领，培育大宗固废综合利用新模式。

（五）主要目标。到 2025 年，煤矸石、粉煤灰、尾矿（共伴生矿）、冶炼渣、工业副产石膏、建筑垃圾、农作物秸秆等大宗固废的综合利用能力显著提升，利用规模不断扩大，新增大宗固废综合利用率达到 60％，存量大宗固废有序减少。大宗固废综合利用水平不断提高，综合利用产业体系不断完善；关键瓶颈技术取得突破，大宗固废综合利用技术创新体系逐步建立；政策法规、标准和统计体系逐步健全，大宗固废综合利用制度基本完善；产业间融合共生、区域间协同发展模式不断创新；集约高效的产业基地和骨干企业示范引领作用显著增强，大宗固废综合利用产业高质量发展新格局基本形成。

三、提高大宗固废资源利用效率

（十）建筑垃圾。加强建筑垃圾分类处理和回收利用，规范建筑垃圾堆存、中转和资源化利用场所建设和运营，推动建筑垃圾综合利用产品应用。鼓励建筑垃圾再生骨料及制品在建筑工程和道路工程中的应用，以及将建筑垃圾用于土方平衡、林业用土、环境治理、烧结制品及回填等，不断提高利用质量、扩大资源化利用规模。

四、推进大宗固废综合利用绿色发展

（十二）推进产废行业绿色转型，实现源头减量。开展产废行业绿色设计，在生产过程充分考虑后续综合利用环节，切实从源头削减大宗固废。大力发展绿色矿业，推广应用矸石不出井模式，鼓励采矿企业利用尾矿、共伴生矿填充采空区、治理塌陷区，推动实现尾矿就地消纳。开展能源、冶金、化工等重点行业绿色化改造，不断优化工艺流程、改进技术装备，降低大宗固废产生强度。推动煤矸石、尾矿、钢铁渣等大宗固废产生过程自消纳，推动提升磷石膏、赤泥等复杂难用大宗固废净化处理水平，为综合利用创造条件。在工程建设领域推行绿色施工，推广废弃路面材料和拆除垃圾原地再生利用，实施建筑垃圾分类管理、源头减量和资源化利用。

（十三）推动利废行业绿色生产，强化过程控制。持续提升利废企业技术装备水平，加大小散乱污企业整治力度。强化大宗固废综合利用全流程管理，严格落实全过程环境污染防治责任。推行大宗固废绿色运输，鼓励使用专用运输设备和车辆，加强大宗固废运输过程管理。鼓励利废企业开展清洁生产审核，严格执行污染物排放标准，完善环境保护措施，防止二次污染。

（十四）强化大宗固废规范处置，守住环境底线。加强大宗固废贮存及处置管理，强化主体责任，推动建设符合有关国家标准的贮存设施，实现安全分类存放，杜绝混排混堆。统筹兼顾大宗固废增量消纳和存量治理，加大重点流域和重点区域大宗固废的综合整治力度，健全环保长效监督管理制度。

五、推动大宗固废综合利用创新发展

（十六）创新大宗固废综合利用关键技术。鼓励企业建立技术研发平台，加大关键技术研发投入力度，重点突破源头减量减害与高质综合利用关键核心技术和装备，推动大宗固废利用过程风险控制的关键技术研发。依托国家级创新平台，支持产学研用有机融合，鼓励建设产业技术创新联盟等基础研发平台。加大科技支撑力度，将大宗固废综合利用关键技术、大规模高质综合利用技术研发等纳入国家重点研发计划。适时修订资源综合利用技术政策大纲，强化先进适用技术推广应用与集成示范。

（十八）创新大宗固废管理方式。充分利用大数据、互联网等现代化信息技术手段，推动大宗固废产生量大的行业、地区和产业园区建立"互联网＋大宗固废"综合利用信息管理系统，提高大宗固废综合利用信息化管理水平。充分依托已有资源，鼓励社会力量开展大宗固废综合利用交易信息服务，为产废和利废企业提供信息服务，分品种及时发布大宗固废产生单位、产生量、品质及利用情况等，提高资源配置效率，促进大宗固废综合利用率整体提升。

六、实施资源高效利用行动

（十九）骨干企业示范引领行动。在煤矸石、粉煤灰、尾矿（共伴生矿）、冶炼渣、工业副产石膏、建筑垃圾、农作物秸秆等大宗固废综合利用领域，培育 50 家具有较强上下游产业带动能力、掌握核心技术、市场占有率高的综合利用骨干企业。支持骨干企业开展高效、高质、高值大宗固废综合利用示范项目建设，形成可复制、可推广的实施范例，发挥带动引领作用。

（二十）综合利用基地建设行动。聚焦煤炭、电力、冶金、化工等重点产废行业，围绕国家重大战略实施，建设 50 个大宗固废综合利用基地和 50 个工业资源综合利用基地，

推广一批大宗固废综合利用先进适用技术装备，不断促进资源利用效率提升。在粮棉主产区，以农业废弃物为重点，建设 50 个工农复合型循环经济示范园区，不断提升农林废弃物综合利用水平。

（二十一）资源综合利用产品推广行动。将推广使用资源综合利用产品纳入节约型机关、绿色学校等绿色生活创建行动。加大政府绿色采购力度，鼓励党政机关和学校、医院等公共机构优先采购秸秆环保板材等资源综合利用产品，发挥公共机构示范作用。鼓励绿色建筑使用以煤矸石、粉煤灰、工业副产石膏、建筑垃圾等大宗固废为原料的新型墙体材料、装饰装修材料。结合乡村建设行动，引导在乡村公共基础设施建设中使用新型墙体材料。

（二十二）大宗固废系统治理能力提升行动。加快完善大宗固废综合利用标准体系，推动上下游产业间标准衔接。加强大宗固废综合利用行业统计能力建设，明确统计口径、统计标准和统计方法，提高统计的及时性和准确性。鼓励企业积极开展工业固体废物资源综合利用评价，不断健全评价机制，加强评价机构能力建设，规范评价机构运行管理，积极推动评价结果采信，引导企业提高资源综合利用产品质量。

附录 L 建筑垃圾资源化利用行业规范条件（修订征求意见稿）摘编

一、总则

（一）为深入贯彻落实《中华人民共和国循环经济促进法》《中华人民共和国固体废物污染环境防治法》，提高建筑垃圾资源化利用水平，引导建筑垃圾综合利用产业高质量发展，制定本规范条件。

（二）本规范条件中建筑垃圾是工程渣土、工程泥浆、工程垃圾、拆除垃圾和装修垃圾等的总称。包括新建、扩建、改建和拆除各类建筑物、构筑物、管网等以及居民装饰装修房屋过程中产生的弃土、弃料和其他废弃物，不包括经检验、鉴定为危险废物的建筑垃圾。

（三）本规范条件中资源化利用是指建筑垃圾经处理转化为再生材料和资源化利用产品的过程。其中，再生材料包括再生粗（细）骨料、再生粉体、冗余土等，资源化利用产品包括利用再生材料制备的再生混凝土和砂浆、免烧再生制品等。

（四）本规范条件中的建筑垃圾资源化利用企业（以下简称企业），是指已建成的具有固定场所、从事建筑垃圾处理利用的企业。

（五）本规范条件是鼓励和引导行业技术进步和规范发展的引导性文件，不具有行政审批的前置性和强制性。

二、企业布局和选址

（一）企业布局应根据区域内建筑垃圾存量及增量预测情况、运输半径、应用条件等，统筹协调确定。企业应符合国家产业政策和所在地城乡建设规划、生态环境保护规划和污染防治、土地利用总体规划、主体功能区规划等要求，并与旧城改造、大型工业园区改造、城市新区建设等大型建设项目相结合，其施工建设应满足规范化设计要求。

（二）在国家法律、法规、行政规章及规划确定或经县级以上人民政府批准的自然保护区、风景名胜区、饮用水源保护区、永久基本农田等法律法规禁止建设区域和生态环境保护红线区域，以及以居住、医疗卫生、文化教育、科研、行政办公等为主要功能的区域，不得新建、改扩建企业。

（三）企业选址必须符合国家法律法规、行业发展规划和产业政策，统筹资源、能源、环境、物流和市场等因素合理选址并在当地环境卫生主管部门备案，优先考虑利用现有建筑垃圾填埋场。企业的固定生产场地宜接近建筑垃圾源头集中地，交通方便，可通行重载建筑垃圾运输车，场区附近交通线不宜穿行居民区。

（四）企业厂区土地使用手续合法（租用合同应不少于 10 年），厂区面积、生产区域面积应与资源化能力相匹配，并应符合相关规范的要求。

（五）鼓励建筑垃圾资源化利用企业进行拆迁、运输、处置和产品应用等产业链相关环节的整合，以资源化利用为主线，推动建筑垃圾源头减量化、分类标准化、运输规范化、处置科学化、全程无害化、应用市场化，提高产业集中度，加速工业化发展。

三、技术、工艺和装备

企业应采用节能、环保、高效的新技术、新工艺，选择自动化程度高、能源消耗指标合理、排放达标、安全稳定的生产装备及辅助设施。

（一）应根据当地建筑垃圾特点、分布及生产条件，确定采用固定式或移动式生产方式，选用连续化破碎、分选、筛分等工艺装备。原料混杂的可选用先筛后破工艺，设备宜采用重型筛分机。初级破碎宜采用颚式或反击式破碎机，二级破碎宜采用反击式或锤式破碎机，废钢筋分选应采用自动化除铁设备，轻质杂物分选宜采用气选或水选设备。

（二）应结合建筑垃圾再生材料（原料）情况和资源化利用产品类型，配备必要质量检测设备。

（三）应配备环境监测、工艺运行监控系统，以及运输车辆载重计量设施。

四、资源综合利用及能源消耗

（一）企业应全面接收当地产生的符合相关规范要求的建筑垃圾（混入生活垃圾、污泥、河道疏浚底泥、工业垃圾和危险废物等除外）。企业应根据进场建筑垃圾的特点，选择合适的工艺装备，在全面资源化利用处理的前提下，生产适宜的再生材料和资源化利用产品。进厂建筑垃圾的资源化率不应低于95%。无法资源化利用的固体废物应按要求无害化处理。

（二）建筑垃圾再生处理及资源化利用产品生产中产生的废料和粉尘等次生固体废弃物，鼓励企业全部回收利用。

（三）企业再生材料单位产品综合能耗应符合表1的规定，综合能耗测算方法宜参照相关标准。资源化利用产品单位产品综合能耗应符合同类产品能耗标准的规定。

表1 单位产品综合能耗限额限定值

再生骨料规格	标煤耗（吨标煤/万吨）
0～80mm	≤5.0
0～37.5mm	≤9.0
0～5mm，5～10mm，5～20mm	≤12.0

（四）企业生产资源化利用产品，其建筑垃圾再生材料的利用率应符合表2的规定。

表2 资源化利用产品中的建筑垃圾再生材料利用率

产品类型	利用率（按质量计）
再生混凝土	再生粗骨料利用率≥30%
再生砂浆	再生细骨料利用率≥40%
再生制品	再生骨料利用率≥70%
再生沥青混合料	再生粗骨料利用率≥30%
再生无机混合料	再生骨料利用率≥60%

注：再生粗（细）骨料利用率指再生粗（细）骨料总用量占再生产品生产用粗（细）骨料总量的比例。

主要参考文献

[1] 吕秋瑞，张丹武等．新加坡建筑垃圾资源化对我国建立标准化体系的借鉴意义[J]．中国建材科技．2017(6)：19-21.

[2] 郑捷．对日本再生骨料混凝土相关标准的探析和思考[J]．商品混凝土．2015，(7)：1-3.

[3] 陈家珑．建筑垃圾资源化利用若干问题的再认识[J]．建设科技．2015(7)：58-59.

[4] 陈家珑．我国建筑垃圾资源化利用现状与建议[J]．建设科技．2014(1)：8-12.

[5] 梁波．基于国外建筑垃圾综合利用谈我国建筑垃圾再生利用对策[J]．上海建材．2015(4)：12-15.

[6] 赵霄龙，冷发光等．各国建筑垃圾再生骨料标准浅析[J]．建筑结构．2011(11)：159-163.

[7] 孙金颖，陈家珑，周文娟等．建筑垃圾资源化利用城市管理政策[M]．北京：中国建筑工业出版社，2016.

[8] 徐玉波，陈家珑，王华萍等．建筑垃圾管理与资源化政策摘编[M]．北京：中国建筑工业出版社，2019.

[9] 中国城市环境卫生协会建筑垃圾管理与资源化工作委员会．建筑垃圾资源化行业发展报告．2020.

[10] 中国城市环境卫生协会建筑垃圾管理与资源化工作委员会．建筑垃圾治理试点总结验收工作报告．2020.

[11] 杜子图，罗晓玲等．地质调查标准化理论与实践[M]．北京：地质出版社，2019.

[12] 中国标准化研究院．标准体系构建原则与要求：GB/T 13016-2018[S]．北京：中国标准出版社，2018.

[13] 鲍仲平．标准体系[M]．北京：中国标准出版社，1998.

[14] 鲍仲平．标准体系的原理和实践[M]．北京：中国标准出版社，1998.

[15] 李春田．标准化概论(第三版)[M]．北京：中国人民大学出版社，1995.

[16] 申文金，梁凯等．国土资源标准体系构建研究[M]．北京：中国标准出版社，2018.

[17] 邢静，陈东菊等．城市废弃物循环利用与标准体系研究[M]．广州：华南理工大学出版社，2018.

[18] 中华人民共和国住房和城乡建设部．混凝土和砂浆用再生微粉 JG/T 573—2020[S]．北京：中国标准出版社，2020.

[19] 中华人民共和国住房和城乡建设部．固定式建筑垃圾处置技术规程 JC/T 2546—2019[S]．北京：中国标准出版社，2019.

[20] 中华人民共和国住房和城乡建设部．建筑垃圾处理技术标准 CJJ/T 134—2019[S]．北京：中国建筑工业出版社，2019.

[21] 中华人民共和国住房和城乡建设部．建筑垃圾再生骨料实心砖 JG/T 505—2016[S]．北京：中国标准出版社，2016.

[22] 中华人民共和国住房和城乡建设部．道路用建筑垃圾再生骨料无机混合 JC/T 2281—2014[S]．北京：中国标准出版社，2014.

[23] 中华人民共和国住房和城乡建设部．再生骨料应用技术规程 JG/T 240—2011[S]．北京：中国标准出版社，2011.

[24] 中华人民共和国住房和城乡建设部．混凝土和砂浆用再生细骨料 GB/T 25176—2010[S]．北京：中国标准出版社，2010.

［25］ 中华人民共和国住房和城乡建设部. 混凝土用再生粗骨料 GB/T 25177—2010［S］. 北京：中国标准出版社，2010.

［26］ 中华人民共和国住房和城乡建设部. 再生骨料地面砖和透水砖 CJ/T 400—2012［S］. 北京：中国标准出版社，2012.

［27］ 中华人民共和国住房和城乡建设部. 工程施工废弃物再生利用技术规范 GB/T 50743—2012［S］. 北京：中国计划出版社，2012.

［28］ 中国工程建设标准化协会. 再生骨料混凝土耐久性控制技术规程 CECS 385：2014［S］. 北京：中国计划出版社，2014.

［29］ 中国工程建设标准化协会. 水泥基再生材料的环境安全性检测标准 CECS 397：2015［S］. 北京：中国计划出版社，2015.

［30］ 中华人民共和国住房和城乡建设部. 再生透水混凝土应用技术规程 CJJ/T 253—2016［S］. 北京：中国建筑工业出版社，2016.

［31］ 中华人民共和国住房和城乡建设部. 建筑废弃物再生工厂设计规范 GB 51322—2018［S］. 北京：中国计划出版社，2018.

［32］ 中华人民共和国住房和城乡建设部. 再生混凝土结构技术标准 JGJ/T 443—2018［S］. 北京：中国建筑工业出版社，2018.

［33］ 中华人民共和国住房和城乡建设部. 再生混合混凝土组合结构技术标准 JGJ/T 468—2019［S］. 北京：中国建筑工业出版社，2019.

［34］ 中华人民共和国住房和城乡建设部. 建筑固废再生砂粉 JC/T 2548—2019［S］. 北京：中国标准出版社，2019.